1+X 职业技术 · 职业资格培训教材

计算机操作员

系统管理

职业技能鉴定辅导练习

主　　编　王崇义
副 主 编　朱维雄
编　　者　王昱斌　　汤益华　　杨建兵　　闵春江
主　　审　陈丽娟　　张士忠

四级版　第3版

中国劳动社会保障出版社

图书在版编目（CIP）数据

计算机操作员（四级）第 3 版（系统管理）职业技能鉴定辅导练习/人力资源和社会保障部教材办公室组织编写. —北京：中国劳动社会保障出版社，2015

1＋X 职业技术·职业资格培训教材

ISBN 978-7-5167-2205-3

Ⅰ.①计… Ⅱ.①人… Ⅲ.①电子计算机-技术培训-习题集 Ⅳ.①TP3-44

中国版本图书馆 CIP 数据核字（2015）第 315513 号

中国劳动社会保障出版社出版发行

（北京市惠新东街 1 号 邮政编码：100029）

*

北京市艺辉印刷有限公司印刷装订 新华书店经销

787 毫米×1092 毫米 16 开本 12.75 印张 192 千字

2015 年 12 月第 1 版 2015 年 12 月第 1 次印刷

定价：29.00 元

读者服务部电话：(010) 64929211/64921644/84626437

营销部电话：(010) 64961894

出版社网址：http://www.class.com.cn

内 容 简 介

　　本辅导练习由人力资源和社会保障部教材办公室、中国就业培训技术指导中心上海分中心、上海市职业技能鉴定中心依据上海1＋X计算机操作员（四级）职业技能鉴定细目组织编写，是《1＋X职业技术·职业资格培训教材——计算机操作员（四级）第3版（系统管理)》（以下简称《教材》）的配套用书，为读者学习《教材》核心内容，检验所学知识与技能提供有益的帮助。

　　本辅导练习提供了五套模拟试卷，以便读者巩固所学知识技能和进行考前强化练习。

　　本辅导练习提供了相关的素材和样张可供读者下载（www.class.com.cn 中"数字资源"→"资源下载"→"图书资料下载"）。

　　本辅导练习可作为计算机操作员（四级）职业技能培训与鉴定考核辅导练习用书，也可供全国中、高等院校计算机操作相关专业师生参考使用，以及本职业从业人员培训使用。

改 版 说 明

　　计算机操作员职业以个人计算机及相关外部设备的操作为常规技术和工作技能，是国家计算机高新技术各专业模块的基础。随着信息技术的不断发展，计算机操作员的职业技能要求有了新的变化。2014年上海市职业技能鉴定中心组织有关方面的专家和技术人员，对计算机操作员职业进行了提升，计算机操作员分为五级、四级两个等级，其中四级又细分为系统管理、办公软件应用、文字录入三个方向。新的细目和题库于2014—2015年陆续公布使用。

　　为了更好地为广大学员参加培训和从业人员提升技能服务，人力资源和社会保障部教材办公室、中国就业培训技术指导中心上海分中心与上海市职业技能鉴定中心组织相关方面的专家和技术人员，依据新版教材对辅导练习进行了改版。新版辅导练习与教材配套，提供了五套模拟试卷供读者参考。

前　言

　　职业培训制度的积极推进，尤其是职业资格证书制度的推行，为广大劳动者系统地学习相关职业的知识和技能，提高就业能力、工作能力和职业转换能力提供了可能，同时也为企业选择适应生产需要的合格劳动者提供了依据。

　　随着我国科学技术的飞速发展和产业结构的不断调整，各种新兴职业应运而生，传统职业中也越来越多、越来越快地融进了各种新知识、新技术和新工艺。因此，加快培养合格的、适应现代化建设要求的高技能人才就显得尤为迫切。近年来，上海市在加快高技能人才建设方面进行了有益的探索，积累了丰富而宝贵的经验。为优化人力资源结构，加快高技能人才队伍建设，上海市人力资源和社会保障局在提升职业标准、完善技能鉴定方面做了积极的探索和尝试，推出了1＋X培训与鉴定模式。1＋X中的1代表国家职业标准，X是为适应经济发展的需要，对职业的部分知识和技能要求进行的扩充和更新。随着经济发展和技术进步，X将不断被赋予新的内涵，不断得到深化和提升。

　　上海市1＋X培训与鉴定模式，得到了国家人力资源和社会保障部的支持和肯定。为配合1＋X培训与鉴定的需要，人力资源和社会保障部教材办公室、中国就业培训技术指导中心上海分中心、上海市职业技能鉴定中心联合组织有关方面的专家、技术人员共同编写了职业技术·职业资格培训系列教材。

　　职业技术·职业资格培训教材严格按照1＋X鉴定考核细目进行编写，教材内容充分反映了当前从事职业活动所需要的核心知识与技能，较好地体现了适用性、先进性与前瞻性。聘请编写1＋X鉴定考核细目的专家，以及相关行业的专家参与教材的编审工作，保证了教材内容的科学性及与鉴定考

核细目以及题库的紧密衔接。

职业技术·职业资格培训教材突出了适应职业技能培训的特色，使读者通过学习与培训，不仅有助于通过鉴定考核，而且能够有针对性地进行系统学习，真正掌握本职业的核心技术与操作技能，从而实现从懂得了什么到会做什么的飞跃。

职业技术·职业资格培训教材立足于国家职业标准，也可为全国其他省市开展新职业、新技术职业培训和鉴定考核，以及高技能人才培养提供借鉴或参考。

新教材的编写是一项探索性工作，由于时间紧迫，不足之处在所难免，欢迎各使用单位及个人对教材提出宝贵意见和建议，以便教材修订时补充更正。

人力资源和社会保障部教材办公室
中国就业培训技术指导中心上海分中心
上海市职业技能鉴定中心

目 录
CONTENTS

M
ONISHIJUAN

模拟试卷一

一、硬件维护

1. 设计制作要求

请运用所给素材，配置一台满足要求（可以顺利运行 Win7、Adobe Premiere Pro CS6 软件、Office 办公软件）的个人计算机。

（1）分析个人计算机的硬件配置要求。

（2）制定硬件配置方案。

（3）合理选购个人计算机配件（详见各项主要硬件配置表）。

2. 方法与步骤

（1）利用互联网途径来获取 Office 办公软件、Adobe Premiere Pro CS6 非线性视频编辑软件、Win7 操作系统的硬件基本配置。请参考 Adobe Premiere Pro CS6 硬件配置，如图 1—1—1 所示。

Adobe Premiere Pro CS6 系统要求　　　　　　　　　　　转到页首 ⊕

Windows

- Intel® Core™2 Duo 或 AMD Phenom® II 处理器；需要 64 位支持
- Microsoft® Windows® 7 Service（带有 Pack 1）和 Windows® 8。有关 Windows 8 支持的更多信息，请参考 CS6 常见问题。*
- 4GB RAM（建议 8GB）
- 4GB 可用硬盘空间用于空间；安装过程中需要额外的可用空间（不能安装在可移动闪存设备上）
- 预览文件及其他工作文件需要额外的磁盘空间（建议 10GB）
- 1280x900 显示器
- 支持 OpenGL 2.0 的系统
- 7200 RPM 硬盘驱动器（建议采用多个快速磁盘驱动器，最好配置 RAID 0）
- ASIO 协议或 Microsoft Windows Driver Model 兼容声卡
- 双层 DVD（DVD+-R 刻录机用于刻录 DVD；蓝光刻录机用于创建蓝光光盘媒体）兼容的 DVD-ROM 驱动器
- 需要 QuickTime 7.6.6 软件实现 QuickTime 功能
- 可选：Adobe 认证 GPU 卡，用于实现 GPU 加速性能
- 该软件使用前需要激活。您必须具备宽带互联网连接并完成注册，才能激活软件、验证订阅和访问在线服务。*不提供电话激活方式。

*了解 Windows 支持的更多信息。

为实现 GPU 加速支持的 AMD 图形卡

- AMD Radeon HD 6750M（仅适用于运行 OS X Lion (10.7x) 的特定 MacBook Pro 计算机；VRAM 至少 1GB）
- AMD Radeon HD 6770M（仅适用于运行 OS X Lion (10.7x) 的特定 MacBook Pro 计算机；VRAM 至少 1GB）

为实现 GPU 加速支持的 NVIDIA 图形卡

- GeForce GTX 285（Windows 和 Mac OS）
- GeForce GTX 470 (Windows)
- GeForce GTX 570 (Windows)
- GeForce GTX 580 (Windows)
- NVIDIA® Tesla C2075 卡 (Windows)（在 NVIDIA Maximus™ 配置中与 Quadro 卡配对使用）
- Quadro FX 3700M (Windows)
- Quadro FX 3800 (Windows)
- Quadro FX 3800M (Windows)
- Quadro FX 4800（Windows 和 Mac OS）
- Quadro FX 5800 (Windows)
- Quadro 2000 (Windows)
- Quadro 2000D (Windows)
- Quadro 2000M (Windows)
- Quadro 3000M (Windows)
- Quadro 4000（Windows 和 Mac OS）
- Quadro 4000M (Windows)
- Quadro 5000 (Windows)
- Quadro 5000M (Windows)
- Quadro 5010M (Windows)
- Quadro 6000 (Windows)
- Quadro CX (Windows)
- Tesla C2075** (Windows)

有关系统要求和兼容性，请访问 NVIDIA 网站。我们会定期更新 Adobe® Premiere® Pro CS6 兼容的图形卡列表。

*此产品可能集成某些 Adobe 或第三方托管在线服务（简称"在线服务"），或者允许访问这些服务。在线服务仅适用于年满 13 周岁的用户，并且需要同意其他使用条款和 Adobe 的 在线隐私策略。并非所有国家/地区或语言都提供在线服务；可能需要用户注册；可能整体或部分停止或更改，恕不另行通知。可能收取额外费用或订阅费。

**在 NVIDIA Maximus 配置系统中与 Quadro 卡配对使用。

图 1—1—1　Adobe Premiere Pro CS6 硬件配置

　　首先分析达到 Adobe Premiere Pro CS6 软件运行的基本设置比运行 Office 2010 及 Win7 的要求都要高，所以只要满足 CS6 的硬件设置就可以达到客户需求。

　　（2）表 1—1—1 为 CPU 配置表。根据客户要求，CS6 运行需要高性能的 CPU 支持，根据 CPU 配置表，Intel i7—4790K 性能相比更高，故选择 i7 处理器。

　　（3）表 1—1—2 为主板配置表。根据客户要求，已选择 i7 处理器，主板必须支持该 CPU，且有较好的兼容性和扩展性，可以看出技嘉 GA-Z87P-D3，CPU 插槽为 LGA 1150，可以支持 i7 处理器。技嘉 F2A88XN-WIFI 主板，CPU 插槽为 Socket FM2，支持 AMD 处理器。所以在该主板配置表中选择列表左侧的技嘉 GA-Z87P-D3 主板。

表 1—1—1 CPU 配置表

型号	AMD FX—8350	Intel i7—4790K
盒装		
正面标识		
背面		

详细参数	基本参数	适用类型台式机 CPU 系列 FX 包装形式盒装	基本参数	适用类型台式机 CPU 系列酷睿 i7 包装形式盒装
	CPU 频率	CPU 主频 4 GHz 动态超频最高频率 4.2 GHz 可不锁频	CPU 频率	CPU 主频 4 GHz，最大睿频 4.4 GHz 可不锁频 总线类型 DMI2 总线，总线频率 5.0 GT/s

续表

型号	AMD FX—8350		Intel i7—4790K	
详细参数	CPU 插槽	插槽类型 Socket AM3+	CPU 插槽	插槽类型 LGA 1150
	CPU 内核	核心代号 Piledriver 核心数量八核心 线程数八线程 制作工艺 32 nm 热设计功耗（TDP）125 W 晶体管数量 12 亿 核心面积 315 mm^2	CPU 内核	核心代号 Haswell CPU 架构 Haswell 核心数量四核心 线程数八线程 制作工艺 22 nm 热设计功耗（TDP）88 W
			CPU 缓存	三级缓存 8 MB
	CPU 缓存	一级缓存 128 KB 二级缓存 8 MB 三级缓存 8 MB	技术参数	指令集 SSE 4.1/4.2，AVX 2.0 内存控制器双通道：DDR3 1333/1600 支持最大内存 32 GB 超线程技术支持 虚拟化技术 Intel VT-x 64 位处理器 Turbo Boost 技术支持
	技术参数	内存控制器双通道 DDR3 1 866 MHz 虚拟化技术 AMD VT 64 位处理器	显示卡参数	集成显示卡 显示卡基本频率 350 MHz 显示卡最大动态频率 1.25 GHz 显示核心：Intel HD Graphics 4600

表 1—1—2   主板配置表

型号	技嘉 GA-Z87P-D3	技嘉 F2A88XN-WIFI
主板		

续表

型号	技嘉 GA-Z87P-D3	技嘉 F2A88XN-WIFI
参数	**主板芯片** 集成芯片　声卡/网卡 芯片厂商　Intel 主芯片组　Intel Z87 芯片组描述　采用 Intel Z87 芯片组 显示芯片　CPU 内置显示芯片（需要 CPU 支持） 音频芯片　集成 Realtek ALC887 8 声道音效芯片 网卡芯片　板载千兆网卡 **处理器规格** CPU 平台　Intel CPU 类型　Core i7/Core i5/Core i3/Pentium/Celeron CPU 插槽　LGA 1150 CPU 描述　支持 Intel 22 nm 处理器 支持 CPU 数量　1 颗 **内存规格** 内存类型　DDR3 内存插槽　4×DDR3 DIMM 最大内存容量　32 GB 内存描述： 支持双通道 DDR3　3 000（O.C.）/2 933（O.C.）/2 800（O.C.）/2 666（O.C.）/2 600（O.C.）/2 500（O.C.）/2 400（O.C.）/2 200（O.C.）/2 133（O.C.）/2 000（O.C.）/1 866（O.C.）/1 800（O.C.）/1 600/1 333 MHz 内存	**主板芯片** 集成芯片　声卡/网卡 芯片厂商　AMD 主芯片组　AMD A88X 芯片组描述　采用 AMD A88X 芯片组 显示芯片　CPU 内置显示芯片（需要 CPU 支持） 音频芯片　集成 Realtek ALC892 8 声道音效芯片 网卡芯片　板载千兆网卡 **处理器规格** CPU 平台　AMD CPU 类型　AMD A10/A8/A6/A4/Athlon CPU 插槽　Socket FM2/FM2＋ 支持 CPU 数量　1 颗 **内存规格** 内存类型　DDR3 内存插槽　2×DDR3 DIMM 最大内存容量　64 GB 内存描述　支持双通道 DDR3 2 133/1 866/1 600/1 333 MHz 内存
后端		

（4）表1—1—3为显示卡配置表。根据 Adobe Premiere Pro CS6 硬件配置，官方显示卡支持列表中在 Windows 平台下以 NVIDIA GeForce 芯片为主，选择列表右侧的采用 GeForce GTX 770 芯片的七彩虹 iGame770 烈焰战神 U-4GD5 V4 显示卡。

表 1—1—3　　　　　　　　　　　　显示卡配置表

型号	蓝宝石 R9 270X 2G Dual-X OC	七彩虹 iGame770 烈焰战神 U-4GD5 V4
正面标识		
详细参数	**显示卡核心** 芯片厂商　AMD 显示卡芯片　Radeon R9 270X 显示芯片系列　AMD R9 系列 制作工艺　28 nm 核心代号　Pitcairn **显示卡频率** 核心频率　1 020/1 070 MHz 显存频率　5 600 MHz RAMDAC 频率　400 MHz	**显示卡核心** 芯片厂商　NVIDIA 显示卡芯片　GeForce GTX 770 显示芯片系列　NVIDIA GTX 700 系列 制作工艺　28 nm 核心代号　GK104 **显示卡频率** 核心频率　1 046/1 110 MHz　1 085/1 163 MHz 显存频率　7 010 MHz RAMDAC 频率　400 MHz

续表

型号	蓝宝石 R9 270X 2G Dual-X OC	七彩虹 iGame770 烈焰战神 U-4GD5 V4
详细参数	**显存规格** 显存类型 GDDR5 显存容量 2 048 MB 显存位宽 256 bit 最大分辨率 4 096×2 160 **显示卡散热** 散热方式 散热风扇＋热管散热 **显示卡接口** 接口类型 PCI Express 3.0 16X I/O接口 HDMI 接口/双 DVI 接口/Display-Port 接口 **物理特性** 3D API DirectX 11.2 流处理单元 1 280 个	**显存规格** 显存类型 GDDR5 显存容量 4 096 MB 显存位宽 256 bit 最大分辨率 2 560×1 600 **显示卡散热** 散热方式 散热风扇＋散热片＋热管散热 **显示卡接口** 接口类型 PCI Express 3.0 16X I/O接口 HDMI 接口/双 DVI 接口/DisplayPort 接口 **物理特性** 3D API DirectX 11.1 流处理单元 1 536 个

（5）表1—1—4 为内存配置表。根据 Adobe Premiere Pro CS6 硬件配置，系统对内存的要求如图1—1—2所示。主板对内存的要求见表1—1—2。

表 1—1—4　　　　　　　　　　内存配置表

型号	ADATA（威刚）4 G DDR3-1600	ADATA（威刚）4 G DDR4-2133
内存		
参数	适用类型台式机 内存容量 4 GB 容量描述单条 （4 GB） 内存类型 DDR3 内存主频 1 600 MHz 针脚数 240 pin 插槽类型 DIMM	适用类型台式机 内存容量 4 GB 容量描述单条 （4 GB） 内存类型 DDR4 纠错 内存主频 2 133 MHz 针脚数 288 pin

Adobe Premiere Pro CS6 系统要求

Windows

- Intel® Core™2 Duo 或 AMD Phenom®Ⅱ 处理器；需要 64 位支持
- Microsoft® Windows® 7 Service（带有 Pack 1）和 Windows® 8。有关 Windows 8 支持的更多信息，请参考 CS6 常见问题。*
- 4GB RAM（建议 8GB）

图 1—1—2　CS6 系统对内存的要求

主板仅支持 DDR3 内存条，且建议容量为 8 GB。根据内存参数选择表 1—1—4 左侧的内存条，即 ADATA（威刚）4GDDR3-1600 两根共 8 GB。

（6）表 1—1—5 为硬盘配置表。硬盘的选择直接决定 Adobe Premiere Pro CS6 运行和视频渲染速度。Adobe Premiere Pro CS6 作为视频后期软件，素材及生成视频需要大容量硬盘空间。建议使用威刚 ASP900S7-128GM SSD 硬盘为系统盘，使用五块 SAMSUNG（三星）1TB 机械硬盘作 RAID0 磁盘阵列为数据盘，RAID0 磁盘阵列的特性是大幅提高硬盘工作性能，适合视频后期工作性能的要求。

表 1—1—5　　　　　　　　　　　　硬盘配置表

型号	威刚 ASP900S7-128GM	SAMSUNG（三星）1TB 7200rpm
硬盘		
参数	容量　128 G 主控芯片　SandForce 2281 控制器 连续读取最大速度　545 MB/S 连续写入最大速度　535 MB/S 其他参数 外观尺寸　100 mm×70 mm×7 mm	台式机 硬盘尺寸　3.5 in 硬盘容量　1 000 GB 盘片数量　3 片 单碟容量　334 GB 磁头数量　3 个 缓存　32 MB 转速　7 200 r/min 接口类型　SATA2.0（3 Gbit/s） 接口速率　150 MB/s

（7）总结。综上所述，个人计算机基本配置见表1—1—6。

表 1—1—6　　　　　　　　　　个人计算机基本配置

名称	型号	备注
CPU	Intel i7-4790K	
主板	技嘉 GA-Z87P-D3	
显示卡	七彩虹 iGame770 烈焰战神 U-4GD5 V4	
内存	ADATA（威刚）4G DDR3-1600	双通道，两根
硬盘	威刚 ASP900S7-128GM	SSD 硬盘
	SAMSUNG（三星）1TB 7200rpm	RAID0 五块

二、操作系统安装

1. 设计制作要求

对 AMI BIOS 进行设置：从 USB 启动计算机，在 DOS 环境下可以使用 USB 鼠标，并保存设置。

2. 操作步骤

（1）插入带有开机启动的 U 盘（本例 U 盘采用闪迪 SanDisk Cruzer Blade）。

（2）打开主机电源，长按 Delete 键，进入 BIOS 设置主界面，如图 1—2—1 所示。

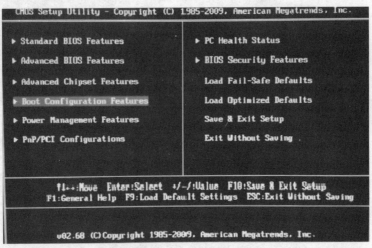

图 1—2—1　BIOS 设置主界面

（3）首先设置从 USB 启动计算机，鼠标点击或用键盘选择"Boot Configuration Features"（启动配置功能）选项，进入"Boot Configuration Features"设置界面，如

图 1—2—2 所示。

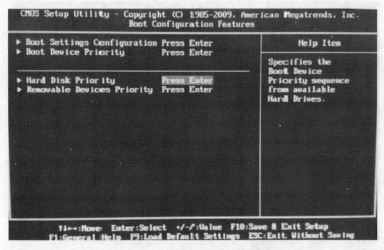

图 1—2—2　启动配置功能设置界面

（4）鼠标点击或用键盘选择"Hard Disk Priority"（硬盘启动优先级）右边的"Press Enter"选项，进入"Hard Disk Priority"设置界面。

（5）鼠标点击或用键盘在"1st Device"（第一设备）右边选项中选择 U 盘设备"SanDisk Cruzer Blade"，如图 1—2—3 所示。

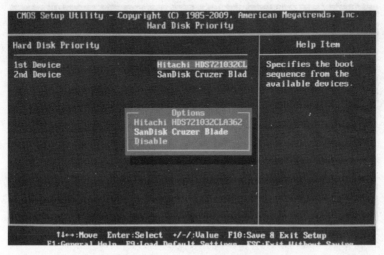

图 1—2—3　选择第一设备

（6）这样将首先引导的硬盘设备改为 U 盘设备，确保了系统首先从 U 盘启动，用同样的方法设置 2nd Device（第二设备）为硬盘设备（此例为 Hitachi HDS721032CLA362），如

图1—2—4所示。

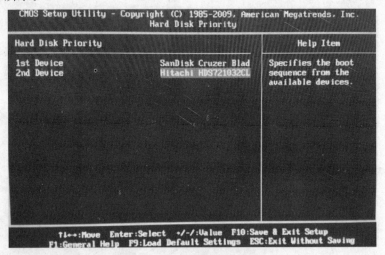

图1—2—4 选择第二设备

（7）按 Esc 键返回到"Boot Configuration Features"设置界面，继续鼠标点击或用键盘选择"Boot Settings Configuration"（启动选项设置）右边的"Press Enter"选项，进入"Boot Device Priority"（启动设备优先级）设置界面，如图1—2—5所示。

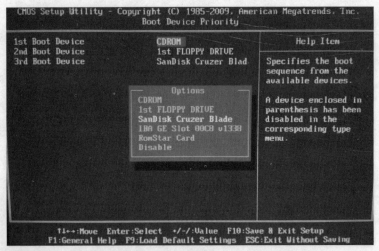

图1—2—5 第一启动设备优先级设置

（8）调整设备引导的顺序为 SanDisk Cruzer Blade（U 盘）、CDROM（光驱）、1st FLOPPY DRIVE（软驱），如图1—2—6所示。

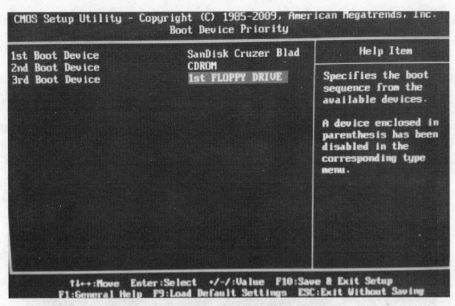

图1—2—6　第二、第三启动设备优先级设置

（9）设置在 DOS 环境下可以使用 USB 鼠标，按 Esc 键返回到 BIOS 设置主界面，鼠标点击或用键盘选择"Advanced BIOS Features"（高级 BIOS 设置）选项，如图1—2—7所示。

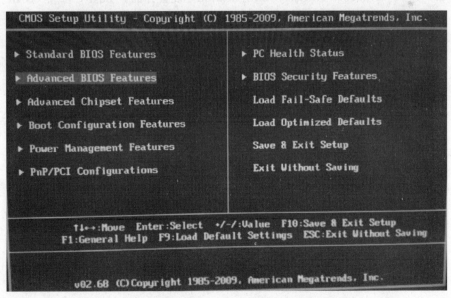

图1—2—7　BIOS 设置主界面

（10）进入"Advanced BIOS Features"设置界面，鼠标点击或用键盘选择"Onboard Devices Configuration"（板载设备设置）右边的"Press Enter"选项，如图1—2—8所示。

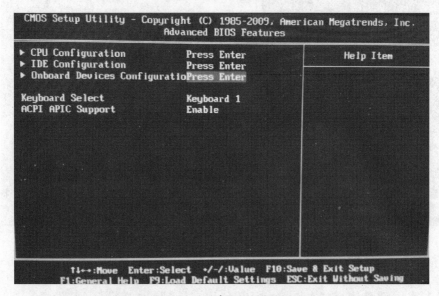

图1—2—8　高级 BIOS 设置

（11）进入"Onboard Devices Configuration"设置界面，如图1—2—9所示。

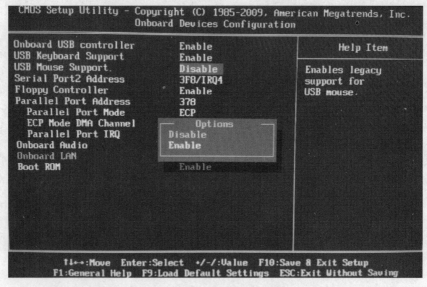

图1—2—9　板载设备设置

（12）将"USB Mouse Support"（支持 USB 鼠标）的值"Disable"（不可用）改为"Enabled"（可用），如图1—2—10所示。

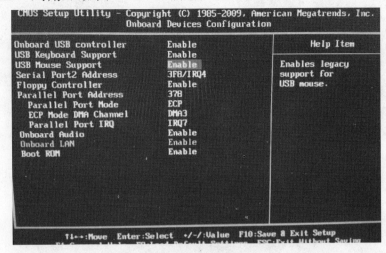

图1—2—10　设置支持 USB 鼠标

（13）最后保存设置，按 F10 键保存设置并退出，如图1—2—11所示。

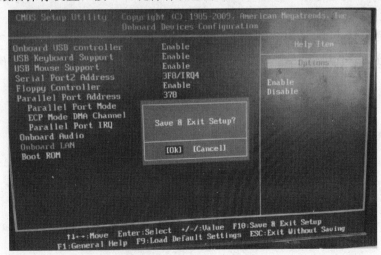

图1—2—11　保存设置并退出

三、系统板卡驱动安装

1. 设计制作要求

通过官方网站下载驱动人生软件，并自动识别设备及下载、安装驱动。

2. 操作步骤

本例以方正君逸 M900 为例。

（1）进入驱动人生官网，在线下载驱动人生 6 网卡版软件。

（2）运行已下载的软件进行安装，进入驱动人生安装的主界面，如图 1—3—1 所示。

图 1—3—1　进入"驱动人生"安装主界面

（3）勾选"同意驱动人生 6 的许可协议"，点击"立即安装"，进入软件自动安装界面，如图 1—3—2 所示。

图 1—3—2　安装进程

（4）大约 3 min 后，弹出"安装完成"界面，如图 1—3—3 所示。

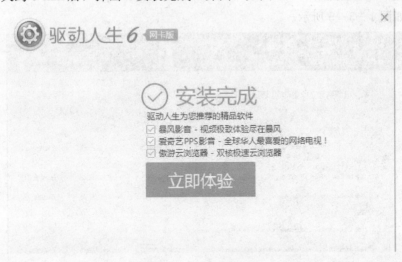

图 1—3—3　安装完成

（5）取消驱动人生为您推荐的精品软件，然后点击"立即体验"或直接关闭窗口，完成安装，启动驱动人生，如图 1—3—4 所示。

图 1—3—4　"驱动人生"主界面

（6）点击"本机驱动"，系统将自动联网查询本机设备驱动的安装情况，并列出可以更新、新装和可用的设备驱动列表，以及有正常驱动的设备，该例中有 2 个可更新的设备：显卡 NVIDIA GeForce GT 420 和声卡 Realtek High Definition Audio 的最新版驱动，如图 1—3—5 所示。

图 1—3—5　显示可更新、新装和可用的设备驱动列表

（7）分别点击显卡和声卡的"开始安装"按钮，此时系统开始自动下载该设备的最新公版驱动，如图 1—3—6 所示。

图 1—3—6　下载显卡驱动进程

（8）下载完毕后，系统自动安装刚下载的设备驱动程序，如图1—3—7所示。

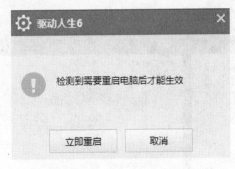

图1—3—7　安装显卡驱动进程

（9）安装完毕后，系统会提示重启计算机，点"立即重启"按钮，此设备驱动安装完成，如图1—3—8所示。

图1—3—8　提示重启

四、计算机病毒防治

1. 设计制作要求

设置瑞星全功能安全软件的查杀类型为发现病毒时删除染毒文件，杀毒结束后退出。

2. 操作步骤

（1）打开瑞星全功能安全软件，点击图1—4—1上部的"设置"，弹出"查杀设置"界面。

图1—4—1　瑞星全功能安全软件主界面

（2）点击"快速查杀"，出现"快速查杀"设置界面，选择发现病毒后处理方式为"自动杀毒"，并设置杀毒结束后"显示杀毒结果"，如图1—4—2所示。

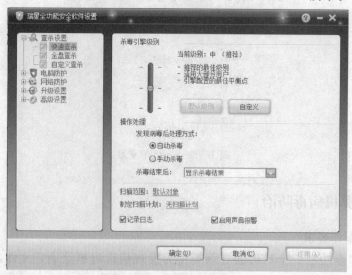

图1—4—2　"查杀设置"界面

（3）重复步骤（2），分别对"全盘查杀""自定义查杀"进行同样的设置。

（4）关闭瑞星全功能安全软件。

五、硬件性能检测

1. 设计制作要求

检测计算机已使用内存的大小。

2. 操作步骤

（1）打开"控制面板"，如图1—5—1所示。

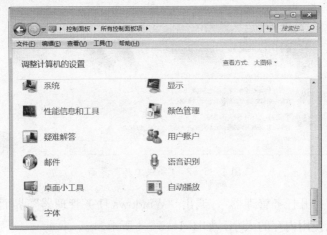

图1—5—1 打开"控制面板"

（2）点击"性能信息和工具"，进入"性能信息和工具"界面，如图1—5—2所示。

图1—5—2 "性能信息和工具"界面

（3）点击左侧工具栏的"高级工具"，"高级工具"界面如图1—5—3所示。

图1—5—3 "高级工具"界面

（4）单击"打开任务管理器"，调出"Windows任务管理器"界面，点击"性能"选项卡，查看已使用内存的大小，如图1—5—4所示。

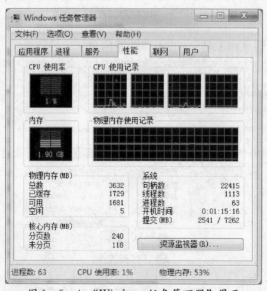

图1—5—4 "Windows任务管理器"界面

六、系统文件备份及还原

1. 设计制作要求

利用 GHOST 软件对计算机 D 盘进行备份，文件名为"data. gho"，存放在 E 盘根目录下。

2. 方法与步骤

（1）运行 GHOST 软件，进入 GHOST 界面，如图 1—6—1 所示。

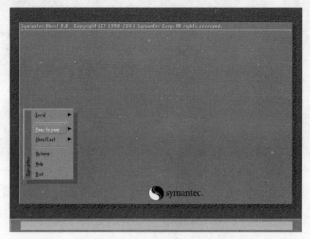

图 1—6—1　GHOST 软件界面

（2）选择"Local/Partition/To Image"（本地/分区/到镜像）命令，如图 1—6—2 所示。

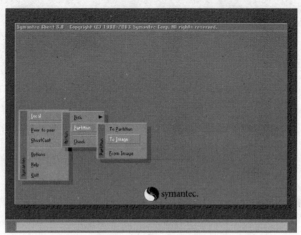

图 1—6—2　选择相应的菜单命令

（3）在选择源盘对话框中，选择第一个硬盘，单击"OK"按钮，如图1—6—3
所示。

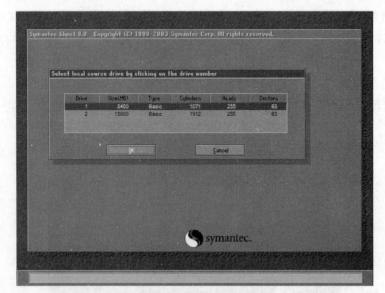

图1—6—3 选择源盘对话框

（4）在选择源分区对话框中，选择第二个分区，即D盘，单击"OK"按钮，如
图1—6—4所示。

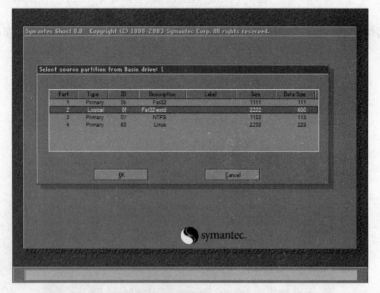

图1—6—4 选择源分区对话框

（5）在保存镜像文件对话框中，将镜像文件以"data.gho"保存在 D 盘，单击"Save"按钮，如图1—6—5所示。

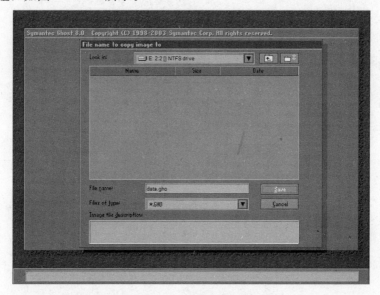

图1—6—5　保存镜像文件对话框

（6）在弹出的压缩镜像文件对话框中，单击"No"按钮，即不压缩，如图1—6—6所示。

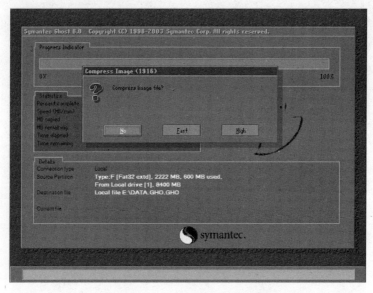

图1—6—6　压缩镜像文件对话框

（7）在确认对话框中，单击"Yes"按钮，开始创建镜像文件，如图1—6—7所示。

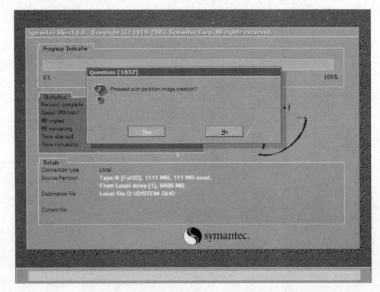

图1—6—7　创建镜像文件确认对话框

（8）镜像文件创建完毕后，出现确认对话框，单击"Continue"按钮，可以继续其他操作，如图1—6—8所示。

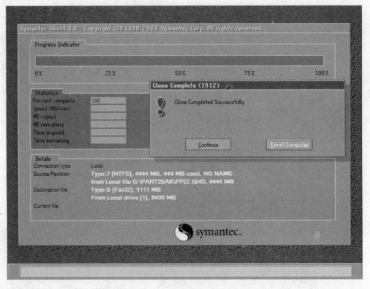

图1—6—8　驱动器备份完毕

七、文件、资料备份与还原

1. 设计制作要求

使用 Win7 自带的备份工具，将当前用户账户的库进行备份，备份位置放在 D 盘上。

2. 方法与步骤

（1）单击"开始"→"控制面板"，打开"控制面板"界面，如图 1—7—1 所示。

图 1—7—1　运行控制面板

（2）在"控制面板"界面中，选择"系统和安全"下的"备份您的计算机"命令，如图 1—7—2 所示。

图 1—7—2　"控制面板"界面

（3）在"备份和还原"界面中，单击"设置备份（S)"命令，如图 1—7—3 所示。

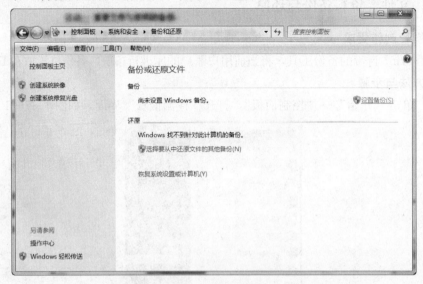

图 1—7—3 "备份和还原"界面

（4）在"选择要保存备份的位置"界面中，设置"保存备份的位置"为 D 盘，单击"下一步"按钮，如图 1—7—4 所示。

图 1—7—4 "选择要保存备份的位置"界面

（5）在"您希望备份哪些内容"界面中，选择"让我选择"单选项，单击"下一步"按钮，如图1—7—5所示。

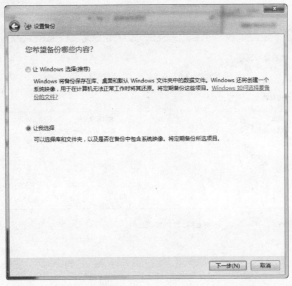

图1—7—5 "您希望被备份哪些内容"界面

（6）在弹出的选择具体备份内容界面中，选择"admin的库"，取消选择"包括驱动器（C：）的系统映像（S）"复选框，单击"下一步"按钮，如图1—7—6所示。

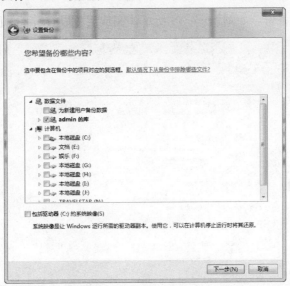

图1—7—6 "设置备份"对话框

（7）在弹出的"查看备份设置"界面中，单击"保存设置并运行备份"按钮，如图 1—7—7 所示。

图 1—7—7 "查看备份设置"界面

（8）系统开始备份，如图 1—7—8 所示，完成后可以查看备份所在磁盘的信息。

图 1—7—8 开始备份界面

八、系统工具使用

1. 设计制作要求

捕捉"开始"菜单，以文件名"开始菜单.gif"保存在 D 盘根目录下。

2. 方法与步骤

（1）单击"开始"菜单后，按下键盘上的"PrtSc"（即复制屏幕）键，打开"画图"软件，将复制的屏幕界面进行粘贴，如图 1—8—1 所示。

图 1—8—1　复制屏幕界面

（2）利用"画图"软件中的"选择"工具，框选图片中"开始"菜单部分，然后进行复制。在"画图"软件中，新建一个文件，并将复制的内容粘贴到新建的文件中，如图 1—8—2 所示。

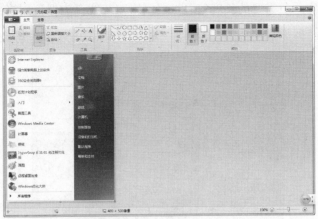

图 1—8—2　截取"开始"菜单

（3）在"画图"软件中单击工具栏上的"保存"按钮，在弹出的"保存为"对话框中保存位置选择D盘，文件名为"开始菜单"，保存类型选择"GIF（ * . gif）"。单击"保存"按钮即可，如图1—8—3所示。

图 1—8—3 "保存为"对话框

九、网络设备连接

1. 设计制作要求

制作一根计算机与计算机直接互联的网线。

2. 操作步骤

（1）先根据实际所需要的长度剪取一段网络双绞线，为保证网络数据的传输质量，双绞线的长度通常应该控制在0.6～80 m之间，如图1—9—1所示。

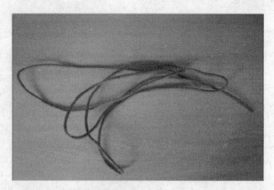

图 1—9—1 双绞线

（2）用双绞线网线钳把双绞线的一端剪齐，然后把剪齐的一端插入网线钳用于剥线的缺口中，顶住网线钳后面的挡位以后，稍微握紧网线钳慢慢旋转一圈，让刀口划开双绞线的保护胶皮并剥除外皮，如图1—9—2所示。

图1—9—2 双绞线插入剥线缺口

注意：网线钳挡位离剥线刀口长度通常恰好为水晶头长度，这样可以有效避免剥线过长或过短。如果剥线过长往往会因为网线不能被水晶头卡住而容易松动，如果剥线过短则会造成水晶头插针不能跟双绞线完好接触。

（3）剥除外皮后会看到双绞线的四对芯线及一根尼龙材质的牵引线，可以看到每对芯线的颜色各不相同，如图1—9—3所示。

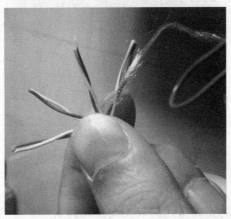

图1—9—3 剥开外皮后的双绞线

（4）先用剪刀等工具将尼龙牵引线剪断，将绞在一起的芯线分开，按照橙白、橙、绿白、蓝、蓝白、绿、棕白、棕的颜色一字排列，并用网线钳将线的顶端剪齐，如图1—9—4所示。

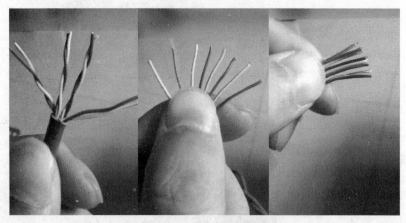

图1—9—4　整理双绞线

（5）取一个RJ-45网络水晶头，使有铜片的一面朝向自己，铜片置于上方，自左到右分别编号为1、2、3、4、5、6、7、8针脚，如图1—9—5所示。

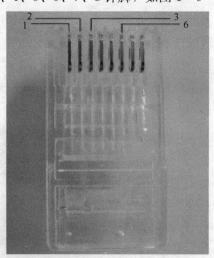

图1—9—5　RJ-45网络水晶头

（6）按照第（5）步的排列线序将每条芯线分别对应RJ-45水晶头的1、2、3、4、5、6、7、8针脚，然后将正确排列的双绞线插入到RJ-45水晶头中。在插的时候一定要将各条芯线都插到底部。由于RJ-45插头是透明的，因此可以观察到每条芯线插入的位置，如图 1—9—6 所示。

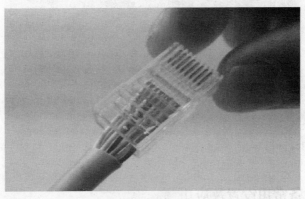

图 1—9—6 将双绞线插入 RJ-45 水晶头

（7）将插入双绞线的 RJ-45 水晶头插入压线钳的压线插槽中，用力压下网线钳的手柄，使 RJ-45 水晶头的铜片针脚都能向下插入双绞线的芯线中，如图 1—9—7 所示。

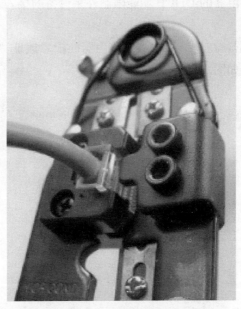

图 1—9—7 用压线钳压接 RJ-45 水晶头

（8）到此，已经完成双绞线一端的制作，按照相同的方法制作另一端即可。注意双绞线两端的芯线排列顺序不一致，另一头应采用 T568A 的接法，如图 1—9—8 所示。

图 1—9—8 制作好的网线

十、网络设备常用设置及应用

1. 设计制作要求

为了使自己的无线网络不被蹭网，除了使用密码外，还有什么设置可以确保无线网络的安全呢？请设置路由器只能连接 5 台网络设备。

提示：可以利用路由器的 DHCP 功能限制外来设备的接入。

2. 操作步骤

（1）打开 IE 浏览器，在地址栏中输入路由器的配置地址"http：//192.168.1.1"，打开路由器登录界面，如图 1—10—1 所示。

图 1—10—1 登录路由器

（2）输入密码后，登录路由器，点击左侧工具栏中的"DHCP 服务器"，如图 1—10—2 所示。

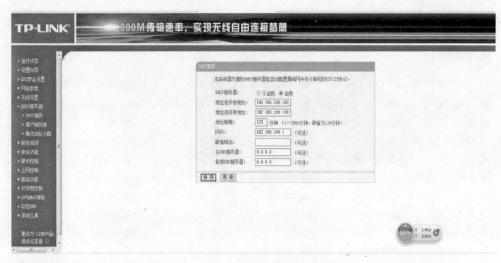

图1—10—2 "DHCP服务器"设置界面

(3) 单击"启用"，并在"地址池开始地址"与"地址池结束地址"中填入自动分配的 IP 地址，数量为 5 个 IP 的长度，如图 1—10—3 所示。

图1—10—3 自动分配的 IP 地址

十一、网络配置

1. 设计制作要求

为计算机配置一个 A 类地址 10.10.0.34，它的子网掩码该怎样设置？

2. 操作步骤

(1) 单击"开始"→"控制面板"，打开"控制面板"界面，选择"网络和共享中心"，如图1—11—1所示。

图1—11—1　网络和共享中心

（2）打开"网络和共享中心"窗口，在左侧的任务栏中选择"更改适配器设置"，如图1—11—2所示。

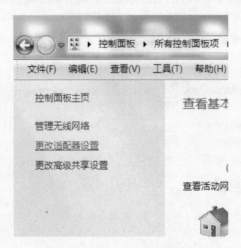

图1—11—2　更改适配器设置

（3）单击"更改适配器设置"，打开"网络连接"界面，选中"本地连接"，如图1—11—3所示。

（4）单击工具栏上"更改此连接的设置"，会弹出"本地连接　属性"对话框，如图1—11—4所示。

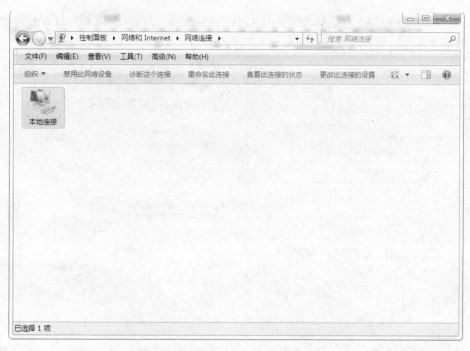

图 1—11—3　网络连接

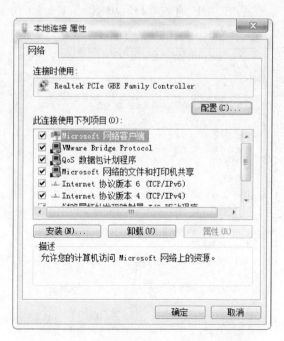

图 1—11—4　"本地连接　属性"对话框

（5）选择"Internet 协议版本 4（TCP/IPv4）"，单击"属性"按钮，打开"Internet 协议版本 4（TCP/IPv4）属性"对话框，如图 1—11—5 所示。

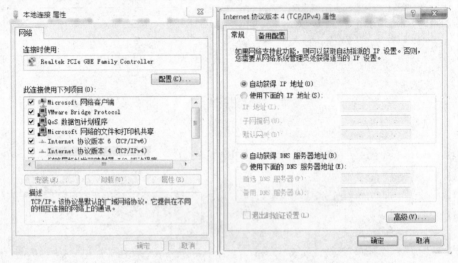

图 1—11—5 "Internet 协议版本 4（TCP/IPv4）属性"对话框

（6）在打开的"Internet 协议版本 4（TCP/IPv4）属性"对话框中，选中"使用下面的 IP 地址（S）"，然后在"IP 地址（I）"中填入"10.10.0.34"，在"子网掩码（U）"中填入"255.0.0.0"，如图 1—11—6 所示。

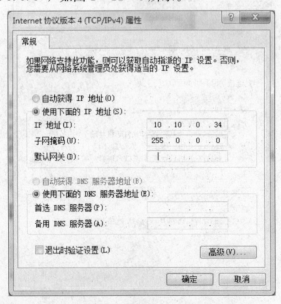

图 1—11—6 设置 IP 地址及子网掩码

（7）点击"确定"按钮，完成 IP 地址及子网掩码的设置。

十二、网络设备共享设置

1. 设计制作要求

通过打印机数据线连接计算机，进行本地连接设置打印机。

2. 操作步骤

（1）打开"控制面板"，查看方式为"小图标"，单击"设备和打印机"，如图 1—12—1 所示。

图 1—12—1 调整计算机的设置

（2）单击"添加打印机"，选择"添加本地打印机（L）"，如图 1—12—2 所示。

图 1—12—2 添加本地打印机

（3）如果您的计算机未添加过该打印机 IP 地址的端口，选择"创建新端口"并选择"Standard TCP/IP Port"，然后点"下一步"。如果已添加过，则选择"使用以下端口"，并选择该打印机 IP 地址的端口，然后单击"下一步"。

（4）"厂商"列表中选择"HP"，一般新型号的打印机在列表中是找不到，单击"从磁盘安装"，如图 1—12—3 所示。

图 1—12—3 添加 HP 打印机

（5）放入买打印机时附带的光盘，单击"浏览"，找到 HP 打印机的驱动程序，如图 1—12—4 所示。

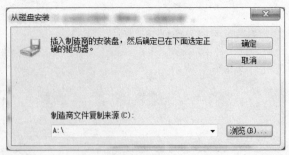

图 1—12—4 从磁盘安装

（6）搜索到 HP 打印机后，单击"下一步"，如图 1—12—5 所示。

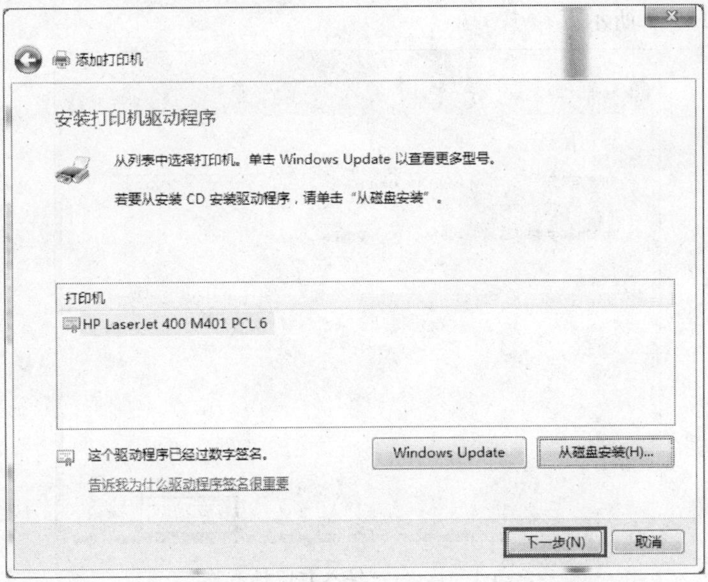

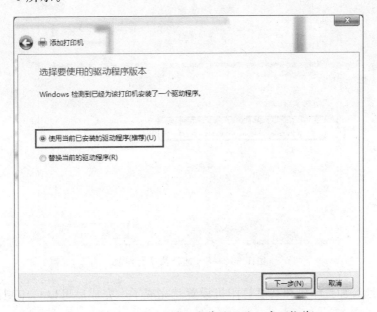

图 1—12—5　搜索 HP 打印机

（7）默认选择"使用当前已安装的驱动程序（推荐）"，单击"下一步"，如图 1—12—6 所示。

图 1—12—6　使用当前已安装的驱动程序（推荐）

（8）默认打印机名称（也可以自己修改打印机名称），单击"下一步"，安装打印机，如图1—12—7所示。

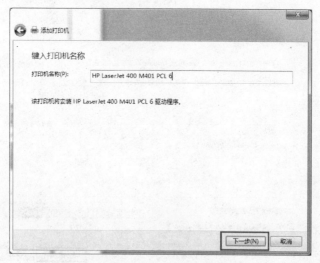

图1—12—7 键入打印机名称

（9）在弹出的共享打印机中选择"共享此打印机以便网络中的其他用户可以找到并使用它"，然后单击"下一步"，如图1—12—8所示。

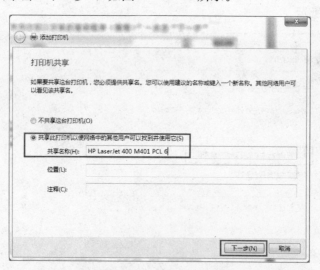

图1—12—8 选择共享打印机

到此本地添加打印机和共享打印机设置就完成了。完成后可以打印测试页试一下打印的状况。

M

ONISHIJUAN

模拟试卷二

一、硬件维护

1. 设计制作要求

请根据图 2—1—1 所示开机故障信息来诊断和解决该故障。

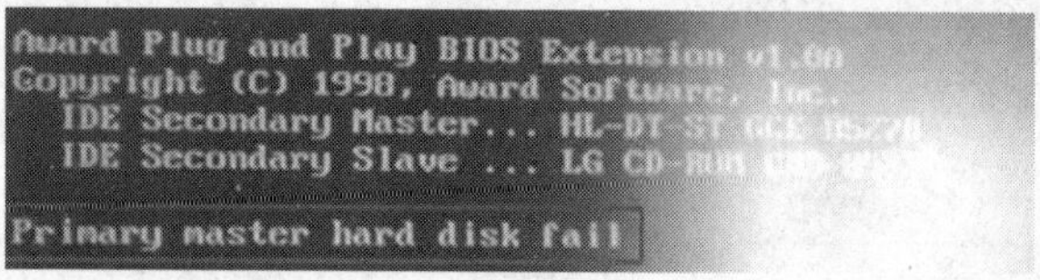

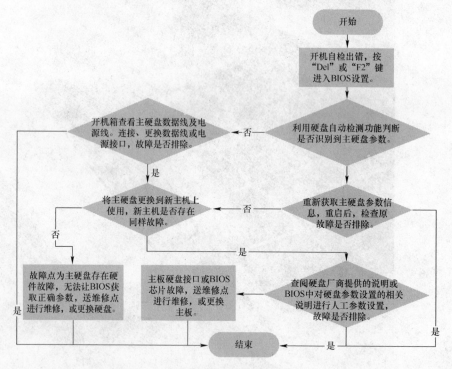

图 2—1—1 开机故障信息

（1）对故障信息进行解释、分析，设计排故思路。

（2）根据排故思路，绘制流程图并依次排故，找到故障点，排除故障。

2. 方法与步骤

（1）故障错误信息"Primary master hard disk fail"。中文解释为主分区硬盘错误，根据排故流程"先软后硬"，先检查 BIOS 设置再检查硬件故障，直至发现故障点。

（2）排故流程图如图 2—1—2 所示。

图 2—1—2 排故流程图

二、操作系统安装

1. 设计制作要求

对 AMI BIOS 进行设置：关闭 USB 功能，开启板载声卡功能，并保存设置。

2. 操作步骤

（1）打开主机电源，长按 Delete 键，进入 BIOS 设置主界面，鼠标点击或按键盘向下键至 Advanced BIOS Features 选项，如图 2—2—1 所示。

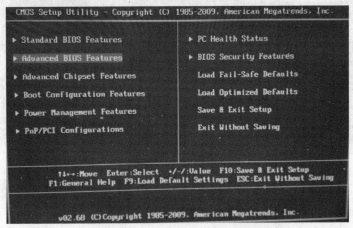

图 2—2—1　BIOS 设置主界面

（2）首先设置关闭 USB 功能，进入 Advanced BIOS Features 设置界面，鼠标点击或用键盘选择在 Onboard Devices Configuration 旁的 Press Enter 选项，如图 2—2—2 所示。

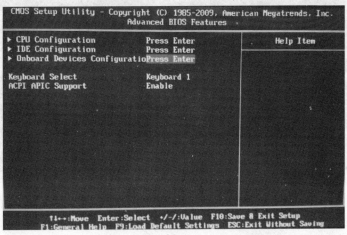

图 2—2—2　高级 BIOS 设置

（3）进入 Onboard Devices Configuration 设置界面，将 Onboard USB controller（板载 USB 控制器）的值 Enabled 改为 Disable，如图 2—2—3 所示。

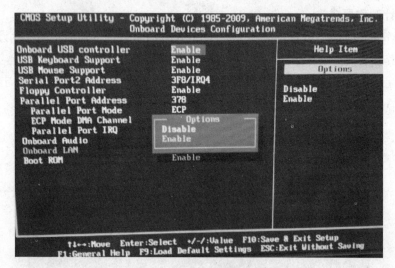

图 2—2—3　设置关闭板载 USB 控制器

（4）设置开启板载声卡功能，将 Onboard Audio（板载声卡）的值 Disable 改为 Enable，如图 2—2—4 所示。

图 2—2—4　设置开启板载声卡

（5）最终设置结果如图 2—2—5 所示。

（6）按 F10 键保存设置并退出，如图 2—2—6 所示。

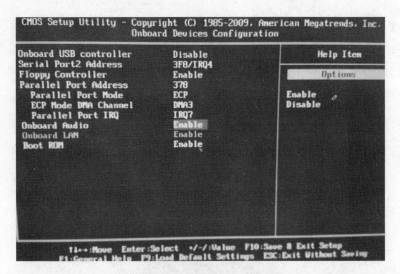

图 2—2—5　最终设置结果

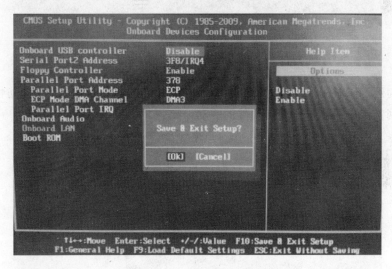

图 2—2—6　保存设置并退出

三、系统板卡驱动安装

1. 设计制作要求

通过官方网站下载 360 驱动大师软件，并自动识别设备及下载、安装驱动。

2. 操作步骤

本例以方正君逸 M900 为例。

（1）进入 360 驱动大师官网，在线下载 360 驱动大师 2.0Beta 版网卡版软件。

（2）运行已下载的软件进行安装，进入"360 驱动大师"安装主界面，如图 2—3—1 所示。

图 2—3—1　进入"360 驱动大师"安装主界面

（3）勾选"已经阅读并同意许可协议"，点击"立即安装"，系统自动快速安装，并自动联网查询最适合本计算机硬件的驱动，如图 2—3—2 所示。

图 2—3—2　"360 驱动大师"查询设备驱动信息

（4）查询结束，在 360 驱动大师系统的主界面上显示新设备驱动列表，如图 2—3—3 所示。

图 2—3—3　显示新设备驱动列表

（5）选择需要新装或更新的设备，点击"一键安装"按钮，系统会自动将设备驱动安装完毕，如图 2—3—4 所示。

图 2—3—4　下载并安装驱动

（6）关闭 360 驱动大师软件。

四、计算机病毒防治

1. 设计制作要求

使用瑞星全功能安全软件，开启文件监控和邮件监控，设置不用对"C：\ Program Files"文件夹进行监控，加固 IE 浏览器。

2. 操作步骤

（1）打开瑞星全功能安全软件，选择"电脑防护"，如图 2—4—1 所示。

图 2—4—1 "电脑防护"界面

（2）点击"文件监控"和"邮件监控"的"开启"按钮，如图 2—4—2 所示。

图 2—4—2 "文件监控"和"邮件监控"状态开启

（3）点击"文件监控"的"设置"按钮，打开"文件监控"设置界面，如图2—4—3所示。

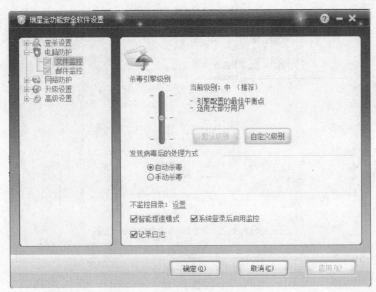

图2—4—3 "文件监控"设置

（4）点击"不监控目录"的"设置"，弹出"不监控目录"对话框，如图2—4—4所示。

图2—4—4 "不监控目录"设置

（5）点击"添加"按钮，在弹出的"浏览文件或文件夹"对话框中选择"C：\ Program Files"文件夹，如图2—4—5所示。

图2—4—5 "不监控目录"选择

（6）点击"确定"按钮，返回"不监控目录"对话框，在目录列表中显示已经添加的目录，如图2—4—6所示。

图2—4—6 显示"不监控目录"列表

（7）点击"确定"按钮，返回"电脑防护"界面，点击"浏览器防护"的"设置"按钮，如图2—4—7所示。

图2—4—7 "电脑防护"界面

　　（8）在"浏览器防护"设置界面中点击"当前已被加固的浏览器"的"暂无"选项，如图2—4—8所示。

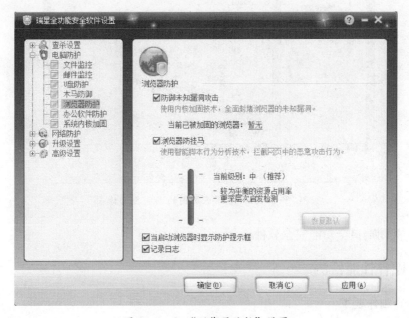

图2—4—8 "浏览器防护"设置

（9）在弹出的"浏览器防护"对话框中勾选"IEXPLORE. EXE"，按"确定"按钮，如图 2—4—9 所示。

图 2—4—9 选择要加固的浏览器

（10）在返回的"浏览器防护"设置界面中发现"暂无"已改为"IEXPLORE. EXE"，按"确定"按钮完成设置，如图 2—4—10 所示。

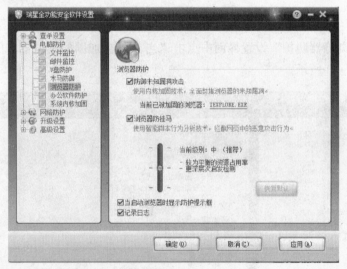

图 2—4—10 显示已加固的浏览器名称

（11）关闭瑞星全功能安全软件。

五、硬件性能检测

1. 设计制作要求

检测 CPU 的核心数目。

2. 操作步骤

（1）单击"开始"菜单，选择"所有程序"→"附件"→"命令提示符"，打开命令行窗口，如图 2—5—1 所示。

图 2—5—1　命令行窗口

（2）键入命令"wmic"，进入 wmic 命令行，如图 2—5—2 所示。

图 2—5—2　WMIC 命令行

（3）输入命令"cpu get numberofcores"，查看 CPU 核心数目，如图 2—5—3 所示。

图 2—5—3　查看 CPU 核心数目

六、系统文件备份及还原

1. 设计制作要求

利用 Win7 自带备份工具对所有驱动器创建映像备份。

2. 方法与步骤

（1）单击"开始"→"控制面板"，打开控制面板，如图 2—6—1 所示。

图 2—6—1　启动控制面板

（2）在"控制面板"界面中，选择"备份您的计算机"命令，如图2—6—2所示。

图2—6—2 "控制面板"界面

（3）在"备份和还原"对话框中，单击"设置备份"命令，如图2—6—3所示。

图2—6—3 "备份和还原"对话框

（4）在"设置备份"对话框中，选择需要保存备份的位置，本例中选择N盘，如图2—6—4所示。

图 2—6—4　选择保存备份的位置

（5）在"您希望备份哪些内容？"界面中，选择"让我选择"，单击"下一步"按钮，如图 2—6—5 所示。

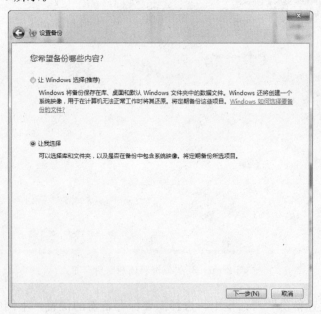

图 2—6—5　"您希望备份哪些内容？"界面

（6）在弹出的对话框中，选择所有驱动器，单击"下一步"按钮，如图2—6—6所示。

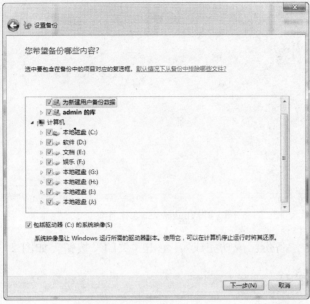

图2—6—6　选择所有驱动器

（7）在确认备份信息后，单击"保存设置并运行备份"按钮，如图2—6—7所示。

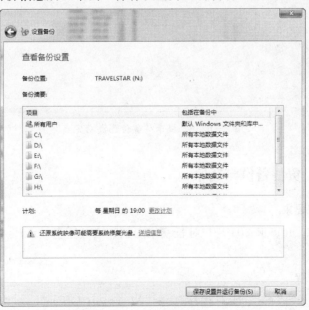

图2—6—7　信息确认

（8）出现"Windows 正在保存备份..."界面，如图 2—6—8 所示。

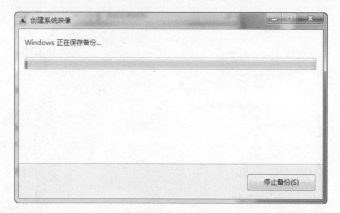

图 2—6—8　"Windows 正在保存备份..."界面

（9）最后提示"备份已成功完成"，单击"关闭"按钮，如图 2—6—9 所示。

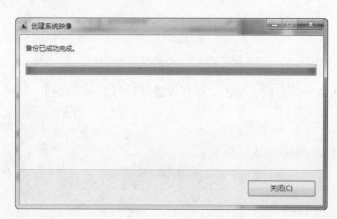

图 2—6—9　提示"备份已成功完成"

七、文件、资料备份与还原

1. 设计制作要求

在 Microsoft Outlook 2010 中对任务以文件名"任务.pst"备份到 D 盘根目录中。

2. 方法与步骤

（1）单击"开始"→"所有程序"→"Microsoft Office"→"Microsoft Outlook 2010"，打开 Outlook 2010，如图 2—7—1 所示。

图 2—7—1　运行 Outlook 2010

（2）在 Outlook 2010 中，单击左侧的"任务"，显示当前的所有任务，如图 2—7—2 所示。

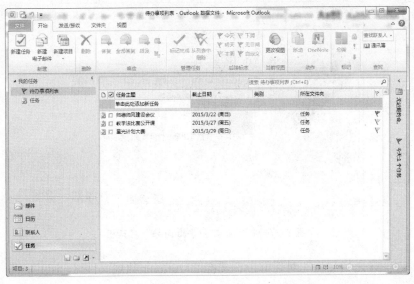

图 2—7—2　Outlook 2010 任务界面

（3）单击"文件"菜单，选择"打开"命令，在右侧选项中，选择"导入"命令，如图2—7—3所示。

图2—7—3 选择"导入"命令

（4）在弹出的"导入和导出向导"对话框中，选择"导出到文件"，单击"下一步"按钮，如图2—7—4所示。

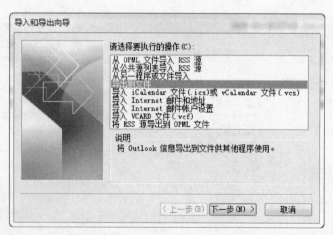

图2—7—4 "导入和导出向导"对话框

（5）在"导出到文件"对话框中，选择"Outlook数据文件（.pst）"，单击"下一步"按钮，如图2—7—5所示。

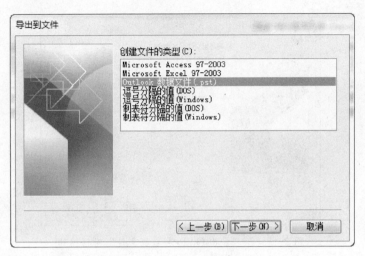

图 2—7—5 "导出到文件"对话框

（6）在"导出 Outlook 数据文件"对话框的"选定导出的文件夹"界面中，选择
"任务"，单击"下一步"按钮，如图 2—7—6 所示。

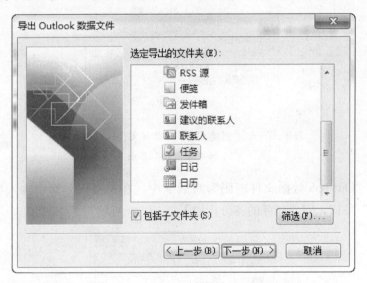

图 2—7—6 "导出 Outlook 数据文件"对话框的
"选定导出的文件夹"界面

（7）在"导出 Outlook 数据文件"对话框的"将导出文件另存为"界面中，将文
件保存到 D 盘根目录，文件名为"任务.pst"，单击"完成"按钮，如图 2—7—7
所示。

图 2—7—7 "导出 Outlook 数据文件"对话框的
"将导出文件另存为"界面

(8) 在"创建 Outlook 数据文件密码"对话框的"添加可选密码"界面中,在"密码"和"验证密码"框中输入自己设定的密码,单击"确定"按钮,如图 2—7—8 所示。

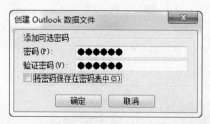

图 2—7—8 "创建 Outlook 数据文件"对话框的
"添加可选密码"界面

(9) 在"Outlook 数据文件密码"对话框中,在"密码"框中输入任务的密码,单击"确定"按钮,完成任务的备份,如图 2—7—9 所示。

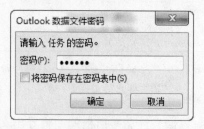

图 2—7—9 "Outlook 数据文件密码"对话框

(10) 打开 D 盘,可以看到已经创建的任务备份,如图 2—7—10 所示。

图 2—7—10　创建的任务备份

八、系统工具使用

1. 设计制作要求

定制名为"友情提醒"的计划，每周一至周五 17：00 提示"下班时间到了！"

2. 方法与步骤

（1）单击"开始"→"所有程序"→"附件"→"系统工具"→"任务计划程序"，如图 2—8—1 所示。

图 2—8—1　启动任务计划程序

（2）在如图 2—8—2 所示的"任务计划程序"界面中，单击"操作"菜单，选择"创建基本任务（B）..."命令。

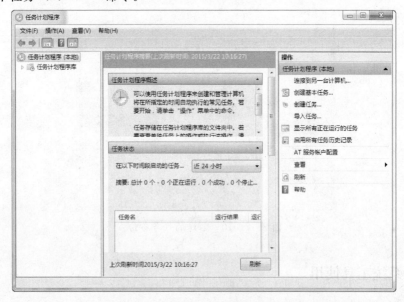

图 2—8—2 "任务计划程序"界面

（3）在弹出的"创建基本任务向导——创建基本任务"对话框中，在"名称"和"描述"中输入相关信息，如图 2—8—3 所示，单击"下一步"按钮。

图 2—8—3 "创建基本任务向导——创建基本任务"对话框

（4）在弹出的"创建基本任务向导——任务触发器"对话框中的"希望该任务何时开始?"下选择"每周"，如图 2—8—4 所示，单击"下一步"按钮。

图 2—8—4　"创建基本任务向导——任务触发器"对话框

（5）在弹出的"创建基本任务向导——每周"对话框中，选择周一至周五，开始为"17：00：00"，如图 2—8—5 所示，单击"下一步"按钮。

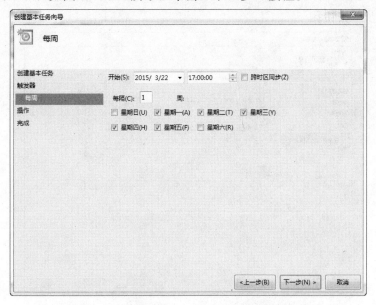

图 2—8—5　"创建基本任务向导——每周"对话框

（6）在弹出的"创建基本任务向导——操作"对话框中的"希望该任务执行什么操作？"下，选择"显示消息"，如图2—8—6所示，单击"下一步"按钮。

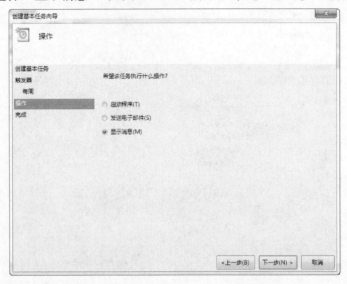

图2—8—6 "创建基本任务向导——操作"对话框

（7）在弹出的"创建基本任务向导——显示消息"对话框的"标题"中，输入"友情提醒"，在"邮件"中输入"下班时间到了！"的提示信息，如图2—8—7所示，单击"下一步"按钮。

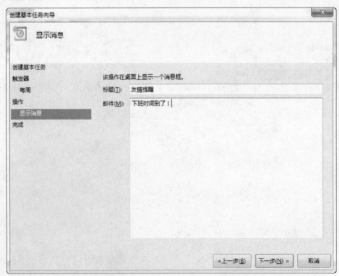

图2—8—7 "创建基本任务向导——显示消息"对话框

（8）在弹出的"创建基本任务向导——摘要"对话框中，可以看到任务计划的摘要信息，如图2—8—8所示，确认无误后，单击"完成"按钮。

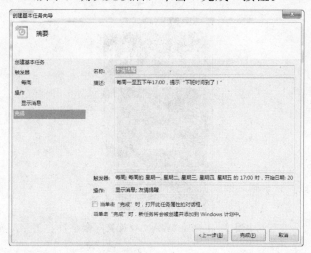

图2—8—8 "创建基本任务向导——摘要"对话框

九、网络设备连接

1. 设计制作要求

为路由器WAN口配置一个静态的IP地址：192.168.27.32。

2. 操作步骤

（1）打开IE浏览器，在地址栏中输入路由器的配置地址"http：//192.168.1.1"，打开路由器登录界面，如图2—9—1所示。

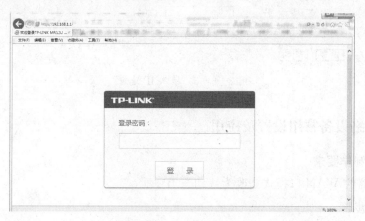

图2—9—1 登录路由器

（2）输入密码后，登录路由器，点击左侧工具栏中的"网络参数"→"WAN口设置"，如图2—9—2所示。

图2—9—2 "WAN口设置"命令

（3）单击"WAN口设置"，在右侧的"WAN口连接类型"中选择"静态IP"，然后在下方的IP地址栏中填入IP地址192.168.27.32及子网掩码255.255.255.0，点击"保存"按钮即可，如图2—9—3所示。

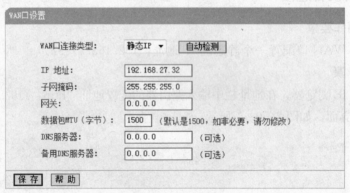

图2—9—3 填入IP地址

十、网络设备常用设置及应用

1. 设计制作要求
将路由器的WAN口模式修改为：动态IP。

2. 操作步骤
（1）打开IE浏览器，在地址栏中输入路由器的配置地址"http://192.168.1.1"，打开路由器登录界面，如图2—10—1所示。

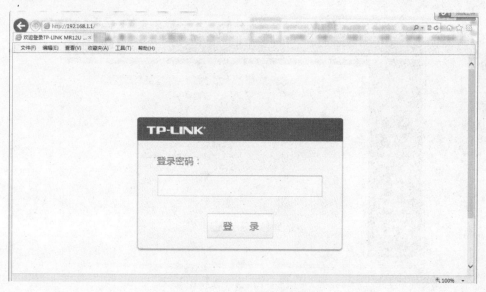

图2—10—1　登录路由器

（2）输入密码后，登录路由器，点击左侧工具栏中的"网络参数"→"WAN口设置"，如图2—10—2所示。

图2—10—2　"WAN口设置"命令

（3）单击"WAN口设置"，在右侧的"WAN口连接类型"中选择"动态IP"，如图2—10—3所示。

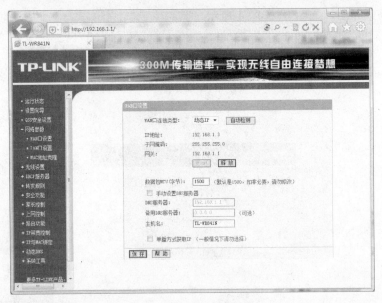

图 2—10—3 动态 IP

十一、网络配置

1. 设计制作要求

将本机 IP 地址设置为：192.168.10.3。

2. 操作步骤

（1）单击"开始"→"控制面板"，打开控制面板界面，找到"网络和共享中心"，如图 2—11—1 所示。

图 2—11—1 网络和共享中心

（2）打开"网络和共享中心"界面，在左侧的任务栏中找到"更改适配器设置"，如图 2—11—2 所示。

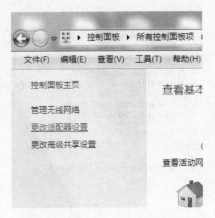

图 2—11—2　更改适配器设置

（3）单击"更改适配器设置"，打开"网络连接"界面，选中"本地连接"，如图 2—11—3 所示。

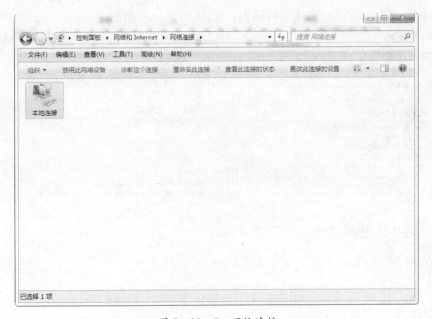

图 2—11—3　网络连接

（4）单击工具栏上"更改此连接的设置"，会弹出"本地连接　属性"对话框，如图 2—11—4 所示。

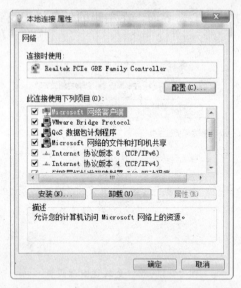

图 2—11—4 "本地连接 属性"对话框

（5）选择"Internet 协议版本 4（TCP/IPv4）"，单击"属性"按钮，打开"Internet 协议版本 4（TCP/IPv4）属性"对话框，如图 2—11—5 所示。

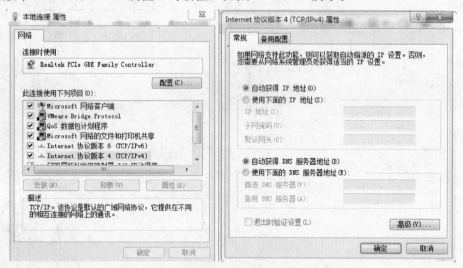

图 2—11—5 "Internet 协议版本 4（TCP/IPv4）属性"对话框

（6）在打开的"Internet 协议版本 4（TCP/IPv4）属性"对话框中，选中"使用下面的 IP 地址（S）"，然后在"IP 地址（I）"中填入"192.168.10.3"，在"子网掩码（U）"中填入"255.255.255.0"，如图 2—11—6 所示。

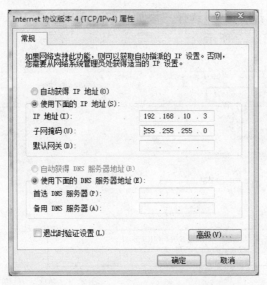

图 2—11—6　设置 IP 地址及子网掩码

（7）点击"确定"按钮，完成 IP 地址及子网掩码的设置。

十二、网络设备共享设置

1. 设计制作要求

将打印机设置为网络打印机，并打印测试页。

2. 操作步骤

（1）在局域网同一网段中，任意一台计算机设备均可以共享其下的网络打印机。打开"控制面板"，双击"设备和打印机"，如图 2—12—1 所示。

图 2—12—1　调整计算机的设置

（2）单击"添加打印机"，选择"添加网络、无线或者 Bluetooth 打印机"，单击"下一步"，如图 2—12—2 所示。

图 2—12—2　添加网络、无线或者 Bluetooth 打印机

（3）选择"HP Laser Jet 400"型号打印机，单击"下一步"，如图 2—12—3 所示。

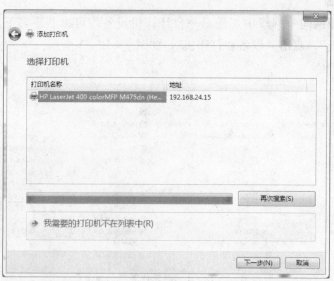

图 2—12—3　选择"HP Laser Jet 400"打印机

这样通过网络添加打印机并连接打印机完成了。

（4）单击"开始"，选择"设备和打印机"，如图 2—12—4 所示。

图 2—12—4　打开"设备和打印机"

（5）选择前面已设置好的打印机，单击鼠标右键，在弹出的快捷菜单中选择"打印机属性"，如图 2—12—5 所示。

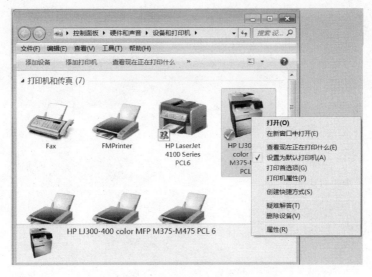

图 2—12—5　选择"打印机属性"命令

（6）在打开的打印机属性对话框的右下方，单击"打印测试页"按钮，打印机就会打印出相应测试页的内容，如图 2—12—6 所示。

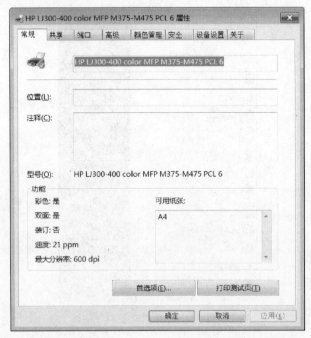

图 2—12—6　打印测试页

M
ONISHIJUAN

模拟试卷三

一、硬件维护

当个人计算机的硬件发生故障时，根据具体情况，可以通过更换损坏硬件这种代替法在较低维修成本的情况下排除故障。故障情况为开机后主机（AMI BIOS）发出 8 短"嘟"声。

1. 设计制作要求

根据主机开机错误信息来判断故障点：

（1）可以找到故障硬件并更换新硬件。

（2）合理选购个人计算机配件（详见各项主要硬件配置表）。

2. 方法与步骤

（1）故障情况为开机后主机（AMI BIOS）发出 8 短"嘟"声。查看 AMI BIOS 故障对应表，见表 3—1—1，查出故障点为显示卡的显存存在故障。

表 3—1—1　　　　　　　　　　　AMI BIOS 故障对应表

提示音	提示信息	建议
1 短	内存刷新失败	更换内存
2 短	内存 ECC 校验错误	对于服务器，应更换内存；如果是普通 PC，可在 CMOS 中将 ECC 校验的选项设为 Disabled
3 短	640 K 基本内存检测失败	
4 短	系统时钟错误	更换主板
5 短	中央处理器（CPU）错误	检查 CPU
6 短	键盘控制器错误	更换主板
7 短	系统实模式错误，不能切换到保护模式	重装系统
8 短	显示内存错误	更换显示卡
9 短	ROMBIOS 奇偶校验和错误	刷新 BIOS 或更换主板
1 长 3 短	内存错误	检查内存
1 长 8 短	显示卡错误	检查显示卡

（2）显存芯片损坏涉及芯片级维修，技术水平要求非常高。目前采用更换显示卡的方法来解决该故障。

1）用十字旋具卸下显示卡与主机箱的固定螺钉，如图 3—1—1 所示。

图 3—1—1　卸下固定螺钉

2）抠开主板上 PCI-E 插槽边上显示卡固定卡扣，如图 3—1—2 所示。

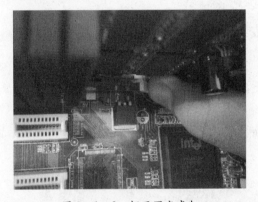

图 3—1—2　抠开固定卡扣

3）双手同时用力将显示卡拔出，如图 3—1—3 所示。

图 3—1—3　拔出显示卡

4）将新的显示卡固定在 PCI-E 插槽上，如图 3—1—4 所示。

图 3—1—4　固定新显示卡

二、操作系统安装

1. 设计制作要求

在 Win7 中设置硬盘分区：D 盘 40 G，其他空间分配给 F 盘。

2. 操作步骤

（1）右键单击桌面上的"计算机"→"管理"，如图 3—2—1 所示。

图 3—2—1　"计算机"快捷菜单

（2）在弹出的"计算机管理"窗口中，点击"存储"→"磁盘管理"，系统会自动连接虚拟磁盘服务，加载磁盘配置信息，并会在右边的窗格中出现如图 3—2—2 所示的"磁盘管理"界面。

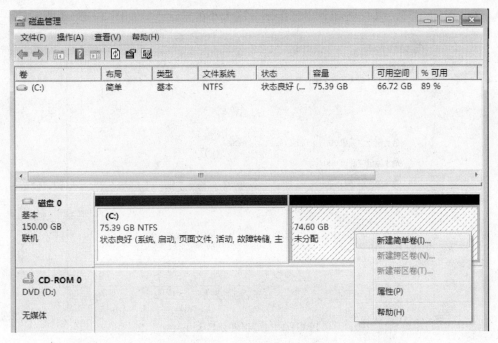

图 3—2—2 "磁盘管理"界面

（3）单击磁盘 0（指第一块硬盘）中的 C 盘，右键选择"新建简单卷"，会出现如图 3—2—3 所示的"新建简单卷向导"对话框。

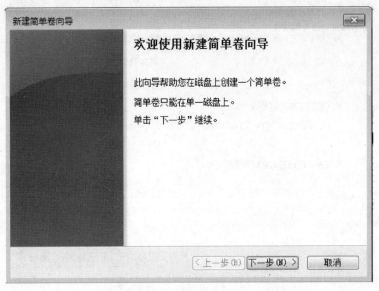

图 3—2—3 进入新建简单卷向导

（4）点击"下一步"按钮，出现指定分区大小的对话框，如图3—2—4所示。

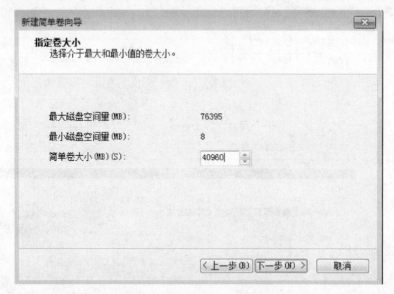

图 3—2—4　指定分区大小

（5）在"简单卷大小（MB）"中输入 40960，即 40 G，点击"下一步"按钮，选择驱动器 D 盘，如图 3—2—5 所示。

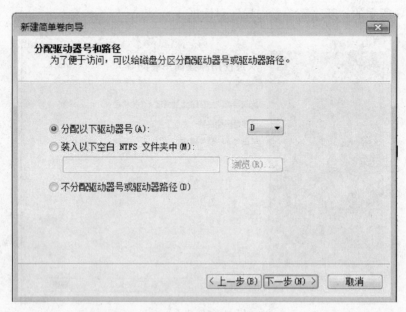

图 3—2—5　指定 D 盘

（6）点击"下一步"按钮，显示"格式化分区"界面，需要为新建的分区进行格式化，如图 3—2—6 所示。

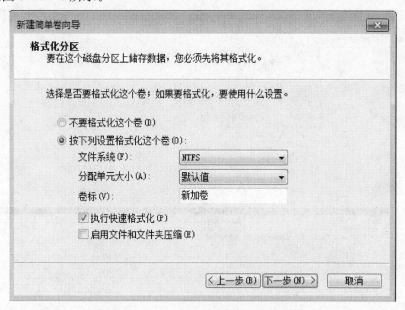

图 3—2—6　显示分区的格式化界面

（7）直接点击"下一步"按钮，出现"完成"界面，如图 3—2—7 所示。

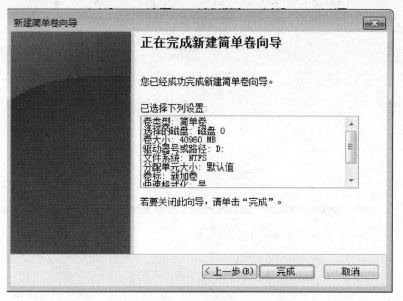

图 3—2—7　完成分区设置

（8）直接点击"完成"按钮，回到"磁盘管理"主界面，系统自动完成创建 D 盘
分区过程，如图 3—2—8 所示。

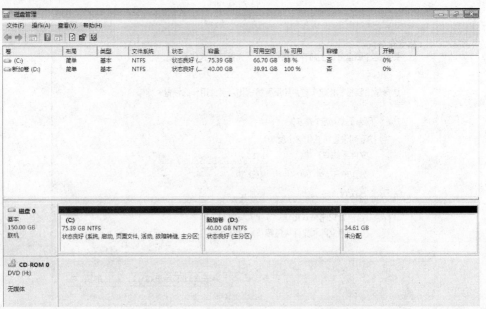

图 3—2—8　返回"磁盘管理"窗口并查看 D 盘分区效果

（9）按照以上的方法，完成 F 盘（剩余硬盘空量）分区创建，如图 3—2—9 所示。

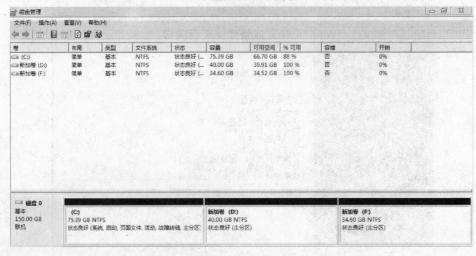

图 3—2—9　查看各分区效果

（10）关闭"磁盘管理"窗口。

三、系统板卡驱动安装

1. 设计制作要求

通过官方网站下载 HP Deskjet 1510 一体机驱动，并安装。

2. 操作步骤

（1）进入惠普官网，在线下载 HP Deskjet 1510 一体机驱动软件。

（2）运行已下载的软件进行安装，进入 HP Deskjet 1510 一体机驱动软件安装的主页面，如图 3—3—1 所示。

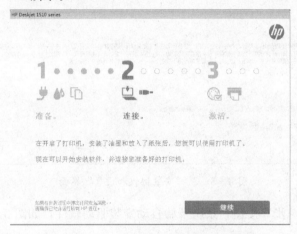

图 3—3—1　一体机驱动软件安装的主页面

（3）点击"继续"，进入"软件选择"界面，如图 3—3—2 所示。

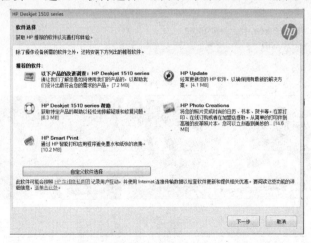

图 3—3—2　"软件选择"界面

（4）直接点击"下一步"按钮，进入"安装协议和设置"界面，勾选"我已阅读并接受安装协议和设置"，如图 3—3—3 所示。

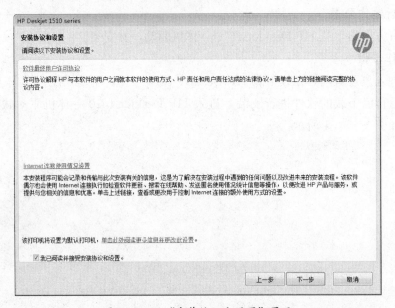

图 3—3—3 "安装协议和设置"界面

（5）点击"下一步"按钮，系统开始自动安装驱动软件，如图 3—3—4 所示。

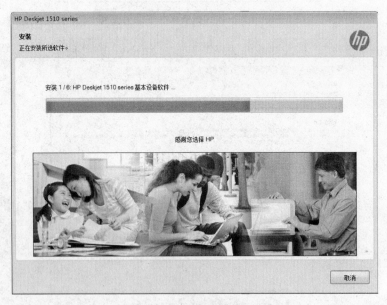

图 3—3—4 安装进程界面

（6）数分钟后，安装完成，跳出"连接 USB 数据线"界面，点击"跳过"按钮，如图 3—3—5 所示。

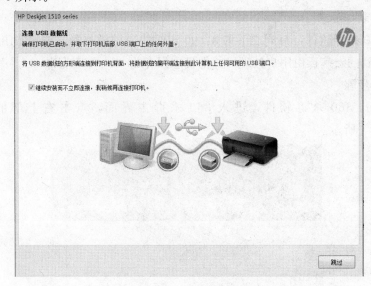

图 3—3—5　"连接 USB 数据线"界面

（7）进入"完成"界面，点击"完成"按钮，完成整个驱动软件的安装，如图 3—3—6 所示。

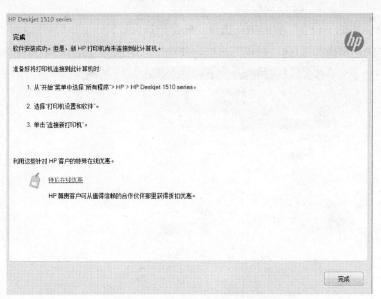

图 3—3—6　完成安装

四、计算机病毒防治

1. 设计制作要求

设置 360 杀毒软件，每周二下午 3：00 定时快速扫描查毒，查找 Office 文件中的宏病毒，查到的宏病毒由用户处理，并把日志保存为"D：\宏病毒 .txt"。

2. 操作步骤

（1）打开 360 杀毒软件，进入 360 杀毒主界面，点击右上部的"设置"，如图 3—4—1 所示。

图 3—4—1　360 杀毒主界面

（2）在弹出的"设置"界面中，选择"病毒扫描设置"，勾选"启用定时查毒"，"扫描类型"为"快速扫描"，点选"每周"选框，并选择"周二""15：00"，如图 3—4—2 所示。

图 3—4—2　360 杀毒设置界面

（3）按"确定"按钮，返回 360 杀毒主界面，点击图 3—4—1 中下部的"宏病毒扫描"，弹出"宏病毒扫描"界面，开始对硬盘进行全面扫描，扫描完毕给出扫描结果，如图 3—4—3 所示。

图 3—4—3 "宏病毒扫描"界面

（4）点击"立即处理"按钮，系统会自动对病毒进行清除，如图 3—4—4 所示。

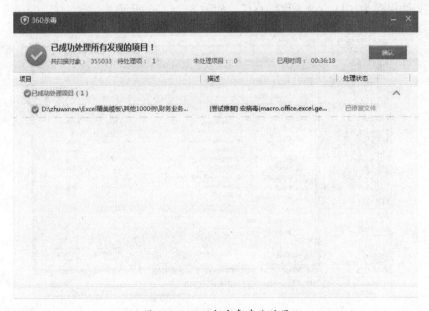

图 3—4—4 宏病毒清除结果

（5）清除完毕，点击"确认"按钮，回到360杀毒主界面，点击上方的"日志"，进入"日志"查看界面，如图3—4—5所示。

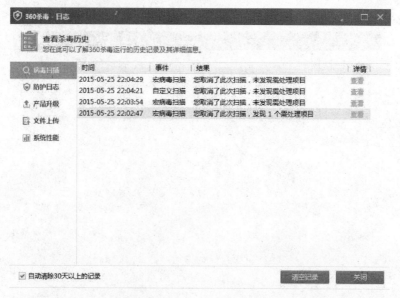

图3—4—5 "日志"查看界面

（6）点击刚处理过的病毒列表中的"查看"选项，打开360杀毒扫描日志文本文件，将文件保存为"D：\宏病毒.txt"，如图3—4—6所示。

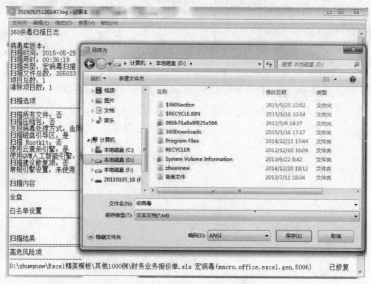

图3—4—6 360杀毒扫描日志保存

五、硬件性能检测

1. 设计制作要求

检测硬盘的容量及相关分区情况。

2. 操作步骤

（1）打开"控制面板"，如图 3—5—1 所示。

图 3—5—1　打开"控制面板"

（2）打开"管理工具"，如图 3—5—2 所示。

（3）点击左侧"磁盘管理"，在右侧的内容框内可以清晰地看到计算机的硬盘容量及相关分区情况，如图 3—5—3 所示。

六、系统文件备份及还原

1. 设计制作要求

利用 GHOST 软件，使用"H：\ PART1BAK \ FP12. GHO"备份文件还原 D 盘。

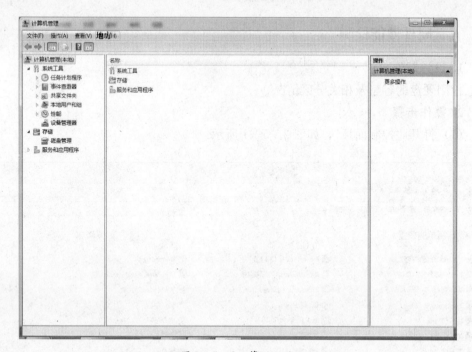

图3—5—2 管理工具

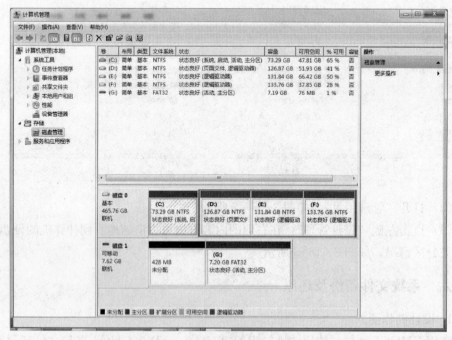

图3—5—3 "磁盘管理"窗口

2. 方法与步骤

（1）运行 GHOST 软件，进入 GHOST 界面，如图 3—6—1 所示。

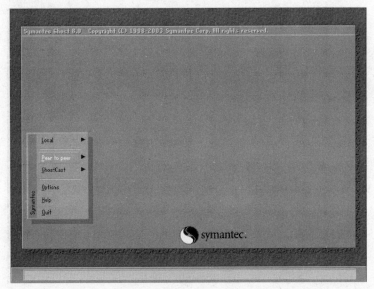

图 3—6—1　GHOST 软件界面

（2）选择"Local/Partition/From Image"（本地/分区/从镜像）命令，如图 3—6—2 所示。

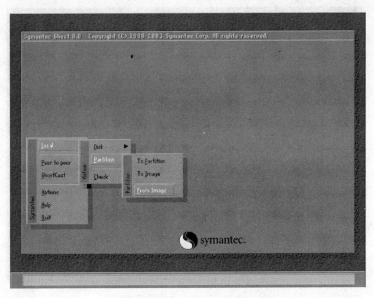

图 3—6—2　选择相应的菜单命令

（3）在选择源盘对话框中，选择 H 盘，并选择目标文件夹"PART1BAK"，单击
"OPEN"按钮，如图 3—6—3 所示。

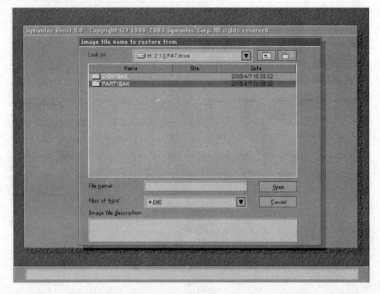

图 3—6—3　选择目标文件夹

（4）在选择源文件对话框中，选择 FP12. GHO，单击"OPEN"按钮，如图 3—6—4
所示。

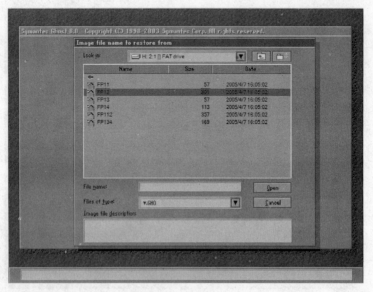

图 3—6—4　选择源文件

（5）在"Select source partition from image file"（选择从文件恢复盘）对话框中，选择所需要还原的驱动器（即 D 盘），单击"OK"按钮，如图 3—6—5 所示。

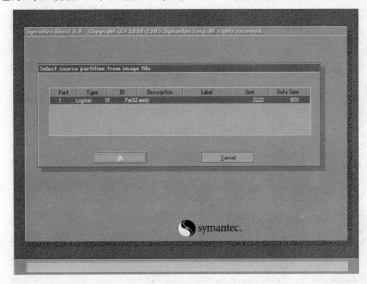

图 3—6—5　"Select source partition from image file"（选择从文件恢复盘）对话框

（6）在弹出的"Select local destination drive by clicking on the drive number"（选择还原的目标硬盘）对话框中，选择第一个硬盘，单击"OK"按钮，如图 3—6—6 所示。

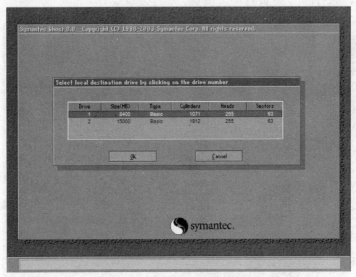

图 3—6—6　"Select local destination drive by clicking on the drive number"（选择还原的目标硬盘）对话框

（7）在"选择还原的目标分区"对话框中，选择第二个分区，即 D 盘，单击"OK"按钮，如图 3—6—7 所示。

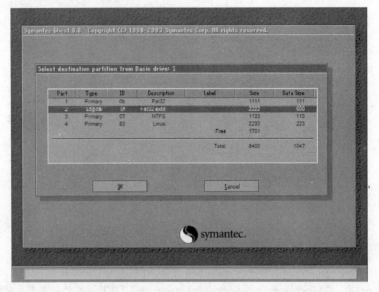

图 3—6—7 "选择还原的目标分区"对话框

（8）在确认对话框中，单击"Yes"按钮，完成 D 盘的还原，如图 3—6—8 所示。注意，还原后，原有的 D 盘资料将被覆盖。

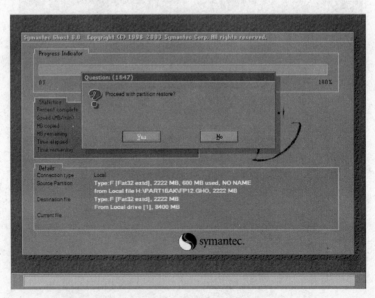

图 3—6—8 还原确认对话框

七、文件、资料备份与还原

1. 设计制作要求

在 Microsoft Outlook 2010 中，利用 D 盘中的"任务.pst"文件，还原任务信息。

2. 方法与步骤

（1）单击"开始"→"所有程序"→"Microsoft Office"→"Microsoft Outlook 2010"，打开 Outlook 2010，如图 3—7—1 所示。

图 3—7—1　运行 Outlook 2010

　（2）在 Outlook 2010 中，单击左侧的"任务"，显示当前的所有任务（在没有还原时，没有任务），如图 3—7—2 所示。

　（3）单击"文件"菜单，选择"打开"命令，在右侧选项中，选择"导入"命令，如图 3—7—3 所示。

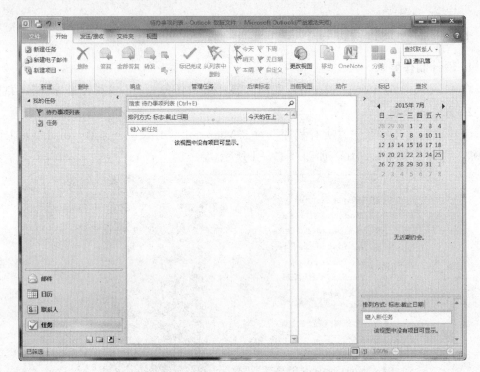

图 3—7—2　Outlook 2010 任务界面

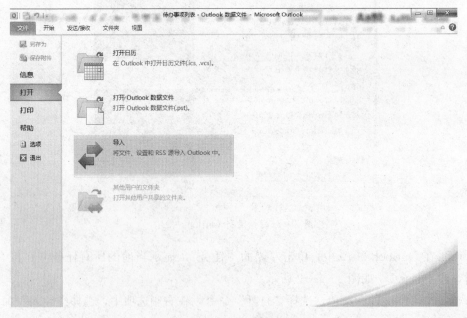

图 3—7—3　导入命令界面

（4）在弹出的"导入和导出向导"对话框中，选择"从另一程序或文件导入"，单击"下一步"按钮，如图3—7—4所示。

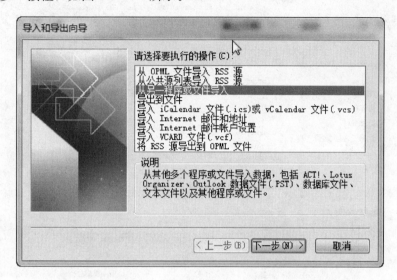

图3—7—4　"导入和导出向导"对话框

（5）在"导入文件"对话框中，选择"Outlook数据文件（.pst）"，单击"下一步"按钮，如图3—7—5所示。

图3—7—5　"导入文件"对话框

（6）在"打开Outlook数据文件"对话框中，选择"D：\任务.pst"，单击"打开"按钮,如图 3—7—6 所示。

图 3—7—6 "打开 Outlook 数据文件"对话框

(7) 在"导入 Outlook 数据文件"对话框中,单击"下一步"按钮,如图 3—7—7
所示。

图 3—7—7 "导入 Outlook 数据文件"对话框

（8）在"Outlook 数据文件密码"对话框中，输入备份时所设置的密码，单击"确定"按钮，如图 3—7—8 所示。

（9）在"导入 Outlook 数据文件"对话框中，选择"任务"，单击"完成"按钮，完成任务的还原，如图 3—7—9 所示。

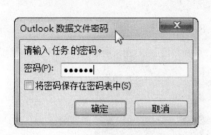

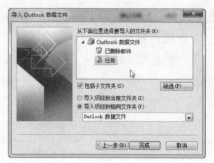

图 3—7—8　"Outlook 数据文件密码"对话框　　　　图 3—7—9　选择"任务"

（10）在 Outlook 软件中，可以看到还原的任务信息，如图 3—7—10 所示。

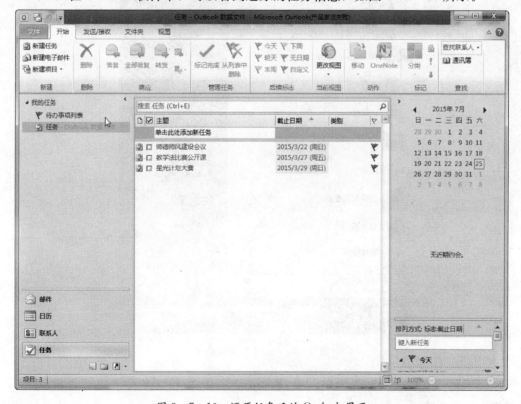

图 3—7—10　还原任务后的 Outlook 界面

八、系统工具使用

1. 设计制作要求

打开性能监视器，添加 Processor ％C2 Time 0 实例，图表背景色为第 1 行第 2 列颜色，将设置以"监控 PC2.tsv"命名保存到 D 盘根目录。

2. 方法与步骤

（1）单击"开始"→"控制面板"，如图 3—8—1 所示。

图 3—8—1　启动控制面板

（2）在"控制面板"界面的"系统和安全"中单击"查看您的计算机状态"，如图 3—8—2 所示。

图 3—8—2 "控制面板"界面

（3）在"操作中心"界面左栅栏中，单击"查看性能信息"，如图 3—8—3 所示。

图 3—8—3 "操作中心"界面

（4）在"性能信息和工具"界面左栅栏中，单击"高级工具"，如图 3—8—4 所示。

图 3—8—4 "性能信息和工具"界面

（5）在"高级工具"界面中，单击"打开性能监视器"，如图 3—8—5 所示。

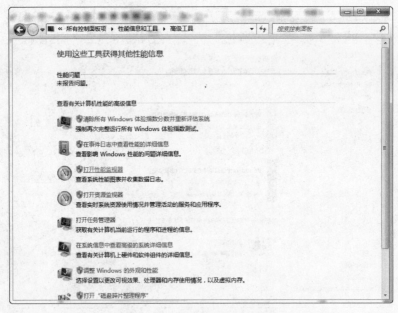

图 3—8—5 "高级工具"界面

（6）在弹出的"性能监视器"界面的左栅栏中，单击"性能监视器"，如图3—8—6所示。

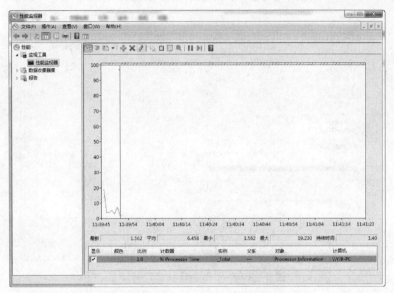

图3—8—6　"性能监视器"界面

（7）在"性能监视器"右侧窗格中右键单击，在弹出的快捷菜单中选择"添加计数器（D）..."命令，如图3—8—7所示。

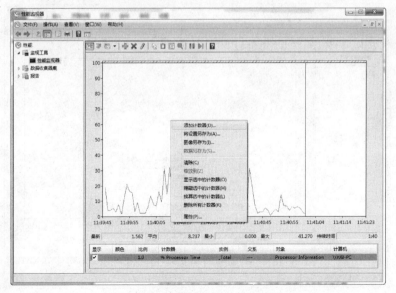

图3—8—7　"添加计数器"快捷菜单

（8）在弹出的"添加计数器"对话框中，在"可用计数器"中选择本地计算机的"Processor ½C2 Time"的0实例，单击"添加"按钮，如图3—8—8所示。

图 3—8—8 "添加计数器"对话框

（9）单击"确定"按钮，在"性能监视器"界面中，右键单击刚刚添加的"Processor ½C2 Time"的0实例，在弹出的快捷菜单中选择"属性（P）…"命令，如图3—8—9所示。

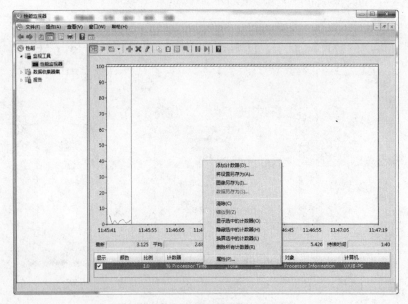

图 3—8—9 快捷菜单

（10）在弹出的"性能监视器　属性"对话框中，选择"外观"选项卡，将背景颜色更改为第一行第二列的颜色，如图3—8—10所示。

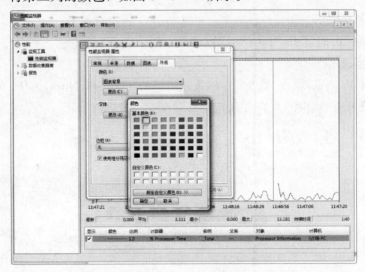

图3—8—10　更改性能监视器背景颜色

（11）单击"确定"按钮后，在监视区单击鼠标右键，在弹出的快捷菜单中选择"将设置另存为（A）..."命令，在弹出的"另存为"对话框中，选择目标为D盘，并将文件名更改为"监控PC2"，保存类型更改为"报告（＊.tsv）"，单击"保存"按钮，如图3—8—11所示。

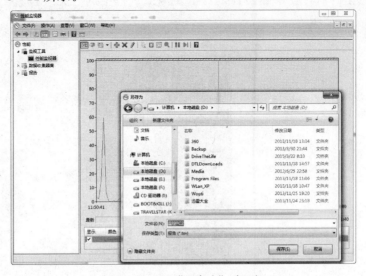

图3—8—11　"另存为"对话框

九、网络设备连接

1. 设计制作要求

修改无线路由的 SSID 号为 XiaoWangJia。

2. 操作步骤

（1）打开 IE 浏览器，在地址栏中输入路由器的配置地址"http：//192.168.1.1"，打开路由器登录界面，如图 3—9—1 所示。

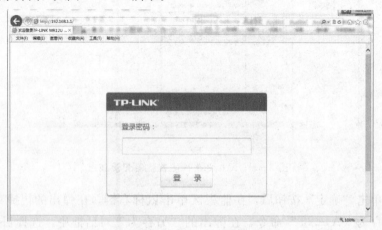

图 3—9—1　登录路由器

（2）输入密码后，登录路由器，点击左侧工具栏中的"无线设置"→"基本设置"，如图 3—9—2 所示。

图 3—9—2　"无线设置"选项

（3）在右侧的"SSID 号"框内输入"XiaoWangJia"，如图 3—9—3 所示。

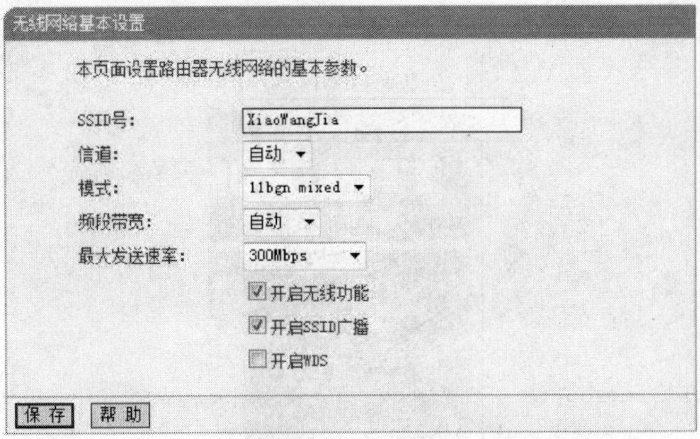

无线网络基本设置

本页面设置路由器无线网络的基本参数。

SSID号：　　　XiaoWangJia
信道：　　　　自动
模式：　　　　11bgn mixed
频段带宽：　　自动
最大发送速率：300Mbps
　　　　　　　☑ 开启无线功能
　　　　　　　☑ 开启SSID广播
　　　　　　　☐ 开启WDS

保存　帮助

图 3—9—3　修改 SSID 号

十、网络设备常用设置及应用

1. 设计制作要求

设置路由器 WAN 口的 DNS 为"202.96.209.133"。

2. 操作步骤

（1）打开 IE 浏览器，在地址栏中输入路由器的配置地址"http：//192.168.1.1"，打开路由器登录界面，如图 3—10—1 所示。

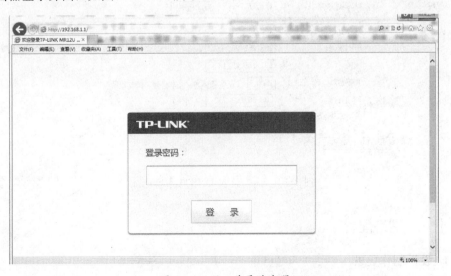

图 3—10—1　登录路由器

（2）输入密码后，登录路由器，点击左侧工具栏中的"网络参数"→"WAN口设置"，如图3—10—2所示。

图3—10—2 "WAN口设置"选项

（3）在右侧的"DNS服务器"一栏中输入"202.96.209.133"，如图3—10—3所示。

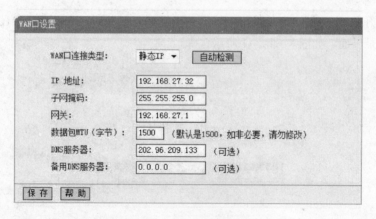

图3—10—3 填入DNS服务器地址

十一、网络配置

1. 设计制作要求
将本机的计算机名设置为"User"。

2. 操作步骤

（1）打开"控制面板"，点击"系统"，进入"系统"界面，如图 3—11—1 所示。

图 3—11—1 "系统"界面

（2）单击左侧的"高级系统设置"，打开"系统属性"对话框，点击"计算机名"选项卡，如图 3—11—2 所示。

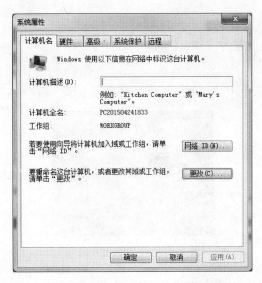

图 3—11—2 "系统属性"对话框

（3）点击"更改"按钮，在弹出的"计算机名/域更改"对话框中，在计算机名下方的文本框中输入"User"，再点击"确定"按钮即可，重启计算机即生效，如图3—11—3所示。

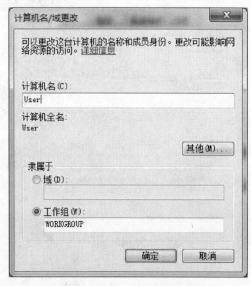

图 3—11—3 修改计算机名

十二、网络设备共享设置

1. 设计制作要求

将打印机 IP 地址设置为"192.168.24.34"。

2. 操作步骤

（1）在打印机上，单击"设置"选项，如图 3—12—1 所示。

图 3—12—1 "设置"选项

（2）移动右边上下滚动条，单击"网络设置"，如图 3—12—2 所示。

图 3—12—2 "网络设置"选项

（3）移动右边上下滚动条，选择"IPv4 配置方法"，如图 3—12—3 所示。

图 3—12—3 "IPv4 配置方法"选项

（4）单击"手动"，如图 3—12—4 所示。

图 3—12—4 "手动"选项

（5）赋予打印机一个网络地址，如"192.168.24.34"，单击"OK"，如图 3—12—5 所示。

图 3—12—5 设置 IP 地址

M

ONISHIJUAN

模拟试卷四

一、硬件维护

1. 设计制作要求

识别主板上的主要组件及组件的应用，如图 4—1—1 所示。

内存插槽
电源插座
CPU插座
SATA数据接口
PCI-E插槽
PCI插槽

图 4—1—1 主板

2. 方法与步骤

（1）CPU 插座。目前流行的有 LGA1150、LGA1155、LGA1156、LGA1366、LGA775 等支持 INTEL 处理器的插座和 Socket AM2/AM2＋、Socket AM3/AM3＋、Socket F 等支持 AMD 处理器的插座，因制作工艺不同，必须区分，不可混用。如图 4—1—2 所示为支持 AM2＋/AM2 处理器的插座。

（2）内存插槽。目前流行的有 DDR2、DDR3、DDR4 DIMM 类型插槽，因金手指及卡口位置不同而不可共用。如图 4—1—3 所示为 DDR2 类型内存插槽。

（3）电源插座。主板主供电插座一般分为 20 针和 24 针两种，根据主板具体类型选配电源插座。如图 4—1—4 所示为 24 针电源插座。

图 4—1—2　支持 AM2＋/AM2 处理器的插座　　图 4—1—3　DDR2 类型内存插槽

（4）SATA 数据接口。串行 SATA 接口是目前最流行的硬盘接口，必须注意的是硬盘也应是 SATA 接口。如图 4—1—5 所示为串行 SATA 接口。

图 4—1—4　24 针电源插座　　　　　　　图 4—1—5　串行 SATA 接口

（5）PCI 插槽。为低速 PCI 板卡提供接口，如声卡、USB 扩展卡、图形加速卡、网卡等，如图 4—1—6 所示。

图 4—1—6　PCI 插槽

（6）PCI-E 插槽。为高速 PCI-E 板卡提供接口，如显示卡等，如图 4—1—7 所示。

图 4—1—7　PCI-E 插槽

二、操作系统安装

1. 设计制作要求

运用磁盘管理功能将 40 G 的 D 盘拆分成两个盘：D 盘和 E 盘，大小均为 20 GB。

2. 操作步骤

（1）右键单击桌面上的"计算机"→"管理"，如图 4—2—1 所示。

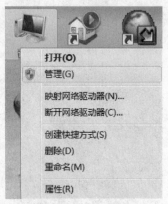

图 4—2—1　"计算机"快捷菜单

（2）在弹出的"计算机管理"界面中，点击"存储"→"磁盘管理"，系统会自动连接虚拟磁盘服务，加载磁盘配置信息，并会在右边的窗格中出现如图 4—2—2 所示的"磁盘管理"界面。

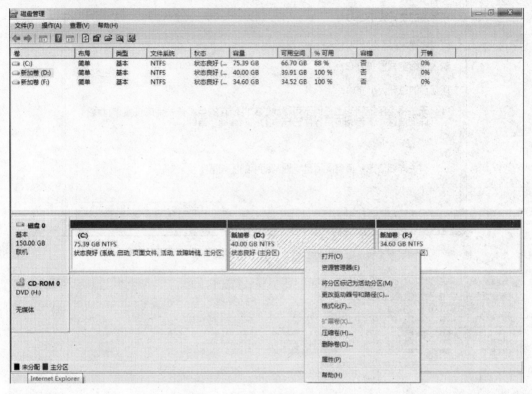

图4—2—2 "磁盘管理"界面

（3）右键单击 D 盘分区，选择压缩卷，系统开始获取可用压缩空间，如图 4—2—3 所示。

图4—2—3 系统获取可用压缩空间

（4）在弹出的"压缩 D:"界面中输入"输入压缩空间量（MB）"为 20480，即 20 GB，如图 4—2—4 所示。

（5）点击"压缩"按钮，压缩后自动回到"磁盘管理"主界面，D 盘被压缩成 20 GB，另外 20 GB 未分配空间被分解开来，如图 4—2—5 所示。

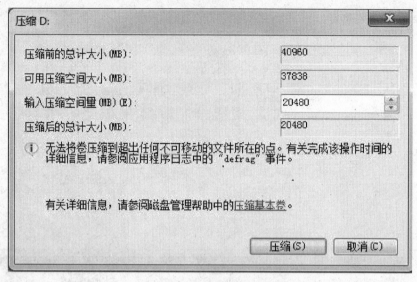

图4—2—4 输入压缩空间量

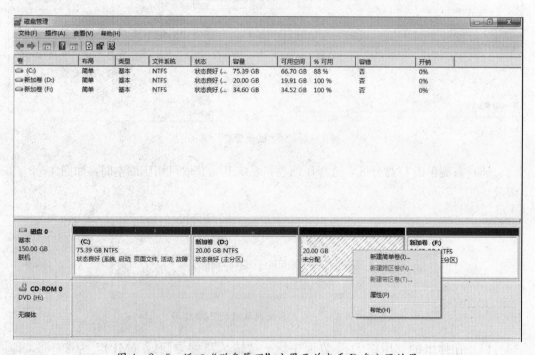

图4—2—5 返回"磁盘管理"主界面并查看D盘分区结果

（6）右键单击磁盘0（指第一块硬盘）中的未分配盘20 GB，选择"新建简单卷"，会出现如图4—2—6所示的"新建简单卷向导"对话框。

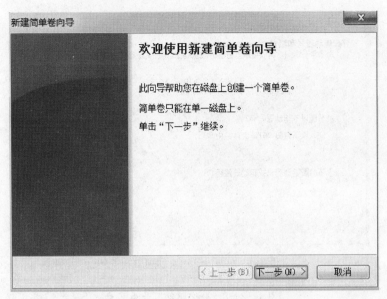

图 4—2—6 "新建简单卷向导"对话框

（7）点击"下一步"按钮，出现"指定卷大小"界面，如图 4—2—7 所示。

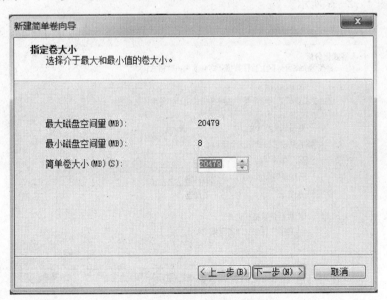

图 4—2—7 设置简单卷大小

（8）默认简单卷大小，点击"下一步"按钮，选择驱动器 E 盘，如图 4—2—8 所示。

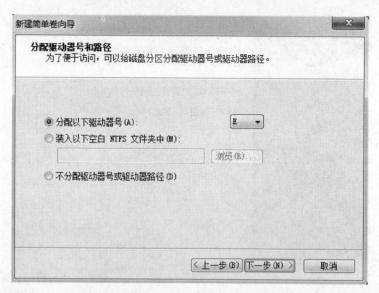

图 4—2—8　分配驱动器号为 E 盘

（9）点击"下一步"按钮，显示"格式化分区"界面，需要为新建的分区进行格式化，如图 4—2—9 所示。

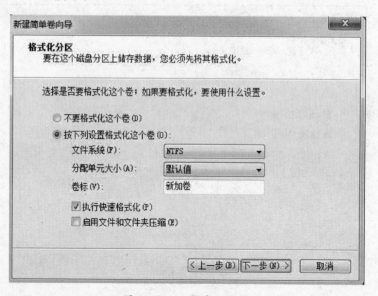

图 4—2—9　格式化分区

（10）直接点击"下一步"按钮，出现"正在完成新建简单卷向导"界面，如图 4—2—10 所示。

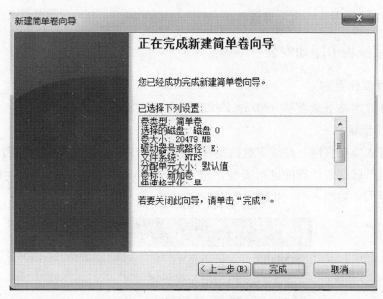

图 4—2—10　完成分区设置

（11）直接点击"完成"按钮，回到"磁盘管理"主界面，系统自动完成创建 E 盘分区过程，如图 4—2—11 所示。

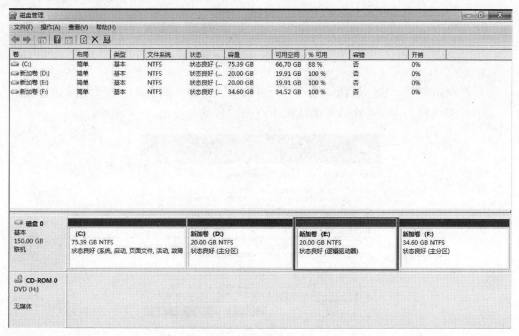

图 4—2—11　查看各分区结果

（12）关闭"磁盘管理"界面。

三、系统板卡驱动安装

1. 设计制作要求

通过官方网站下载微星（MSI）Z97 PC Mate 主板驱动，并安装。

2. 操作步骤

（1）进入微星官网，在线下载微星（MSI）Z97 PC Mate 主板驱动软件。

（2）运行已下载的软件进行安装，进入微星（MSI）Z97 PC Mate 主板驱动软件安装的主界面，如图4—3—1所示。

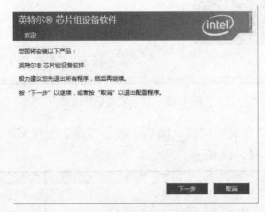

图4—3—1 主板驱动软件安装的主界面

（3）点击"下一步"按钮，进入"许可协议"界面，如图4—3—2所示。

（4）阅读相关协议，在认可的情况下点击"接受"按钮。

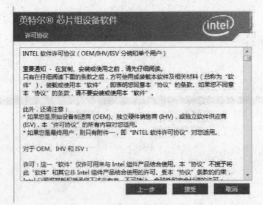

图4—3—2 "许可协议"界面

（5）阅读文件信息，点击"安装"按钮，如图4—3—3所示。系统自动进行驱动软件的安装，如图4—3—4所示。

图4—3—3　安装确认

图4—3—4　安装进程

（6）安装完成，显示"完成"界面，点击"完成"按钮，退出安装界面，如图4—3—5所示。

图4—3—5　安装完成

四、计算机病毒防治

1. 设计制作要求

设置360安全卫士，禁止QQ开机启动，设置每周15点清理垃圾，锁定IE主页为"www. baidu. com"。

2. 操作步骤

（1）打开360安全卫士软件，进入360安全卫士主界面，如图4—4—1所示。

图 4—4—1　360 安全卫士主界面

（2）点击正上方的"优化加速"按钮，进入"优化加速"界面，点击"启动项"
选项卡，如图 4—4—2 所示。

图 4—4—2　"优化加速"界面

（3）将"腾讯 QQ"启动状态由"已开启"改为"已禁用"，禁止 QQ 开机启动，如图 4—4—3 所示。

图 4—4—3　设置禁止 QQ 开机启动

（4）点击界面正上方的"电脑清理"按钮，如图 4—4—4 所示。

图 4—4—4　"电脑清理"界面

（5）选择界面右边框的"定时清理""每周""15"时，勾选"清理垃圾"，如图4—4—5所示。

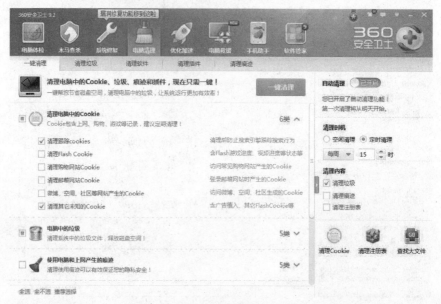

图4—4—5 "定时清理"设置

（6）点击界面正上方的"系统修复"按钮，进入"系统修复"界面，如图4—4—6

图4—4—6 IE主页区域的"锁定"设置

所示，点击右边框 IE 主页区域的"锁定"按钮，输入百度网址。

（7）点击"安全锁定"按钮，返回到"系统修复"界面，此时 IE 主页区域显示"IE 主页已锁定"，已锁定为：www.baidu.com，如图 4—4—7 所示。

图 4—4—7 "系统修复"界面

（8）所有设置已经完成，关闭 360 安全卫士界面。

五、硬件性能检测

1. 设计制作要求

检测计算机的网卡型号。

2. 操作步骤

（1）打开"控制面板"，单击"设备管理器"，打开"设备管理器"界面，如图 4—5—1 所示。

（2）单击下方节点"网络适配器"，查看本机的网卡型号，如图 4—5—2 所示。

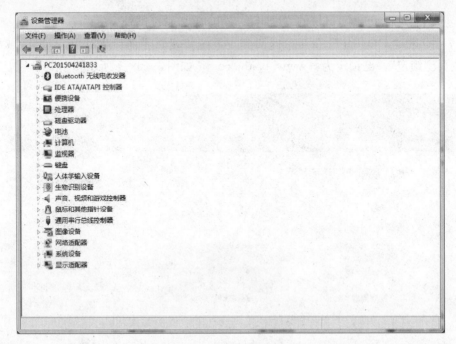

图 4—5—1 "设备管理器"界面

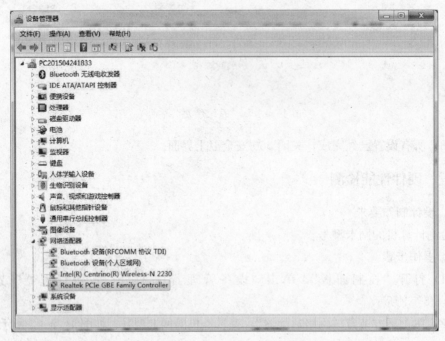

图 4—5—2 查看网卡型号

六、系统文件备份及还原

1. 设计制作要求

利用 Win7 工具，对"G：\设计资料"文件夹进行备份，存放在 J 盘下，文件名为"设计资料"。

2. 方法与步骤

(1) 单击"开始"→"控制面板"，打开控制面板，如图 4—6—1 所示。

图 4—6—1 启动控制面板

(2) 在"控制面板"界面中，选择"备份您的计算机"命令，如图 4—6—2 所示。

图 4—6—2 "控制面板"界面

（3）在"备份和还原"界面中，单击"设置备份（S）"命令；如图4—6—3所示。

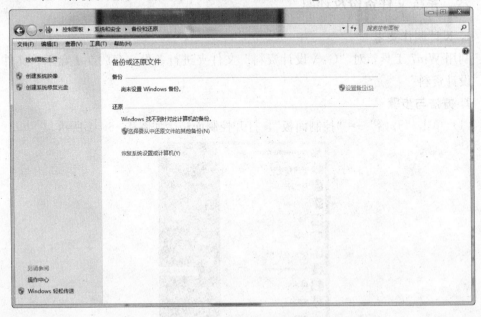

图4—6—3 "备份和还原"界面

（4）在"设置备份"对话框中，选择需要保存备份的位置，本例中选择J盘，如图4—6—4所示。

图4—6—4 选择保存备份的位置

（5）在"您希望备份哪些内容？"界面中，选择"让我选择"，单击"下一步"按钮，如图4—6—5所示。

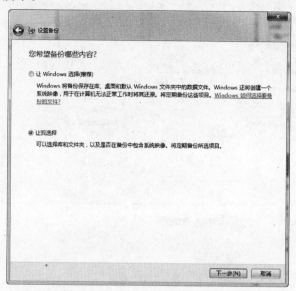

图4—6—5 "您希望备份哪些内容？"界面

（6）在弹出的界面中，选择"G：\设计资料"文件夹，单击"下一步"按钮，如图4—6—6所示。

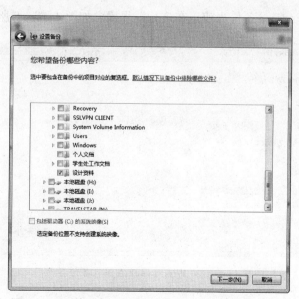

图4—6—6 选择希望备份的文件夹

（7）在确认备份信息后，单击"保存设置并运行备份"按钮，如图4—6—7所示。

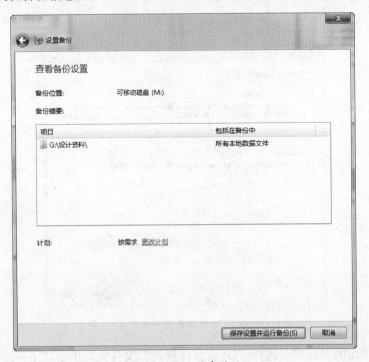

图 4—6—7　信息确认

（8）出现"Windows 备份当前正在进行"界面，如图4—6—8所示。

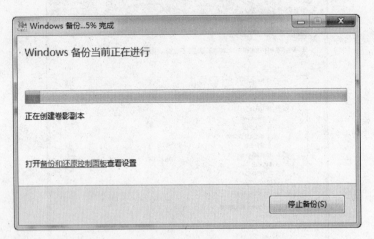

图 4—6—8　Windows 正在保存备份界面

（9）最后备份成功完成，单击"关闭"按钮，如图4—6—9所示。

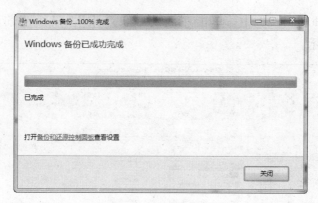

图4—6—9 备份成功完成

七、文件、资料备份与还原

1. 设计制作要求

在 Microsoft Outlook2010 中对联系人以文件名"联系人.pst"备份到 D 盘根目录中。

2. 方法与步骤

（1）单击"开始"→"所有程序"→"Microsoft Office"→"Microsoft Outlook 2010"，打开 Outlook 2010，如图 4—7—1 所示。

图4—7—1 运行 Outlook 2010

（2）在 Outlook 2010 中，单击左侧的"联系人"，显示当前的所有联系人，如图 4—7—2 所示。

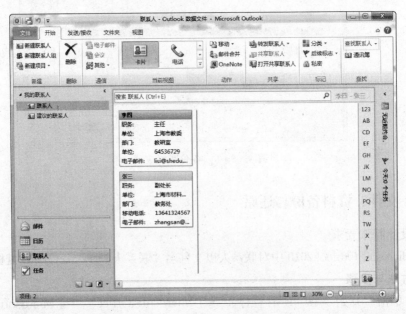

图 4—7—2　Outlook 2010 联系人界面

（3）单击"文件"菜单，选择"打开"命令，在右侧选项中，选择"导入"命令，如图 4—7—3 所示。

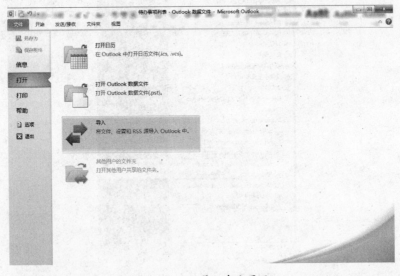

图 4—7—3　导入命令界面

（4）在弹出的"导入和导出向导"对话框中，选择"导出到文件"，单击"下一步"按钮，如图 4—7—4 所示。

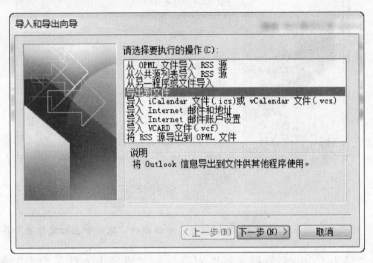

图 4—7—4 "导入和导出向导"对话框

（5）在"导出到文件"对话框中，选择"Outlook 数据文件（.pst）"，单击"下一步"按钮，如图 4—7—5 所示。

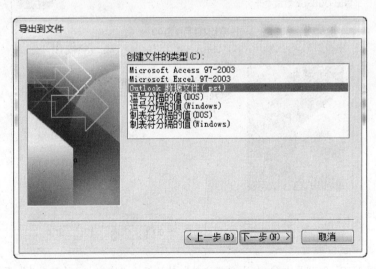

图 4—7—5 "导出到文件"对话框

（6）在"导出 Outlook 数据文件"对话框的"选定导出的文件夹"界面中，选择"联系人"，单击"下一步"按钮，如图 4—7—6 所示。

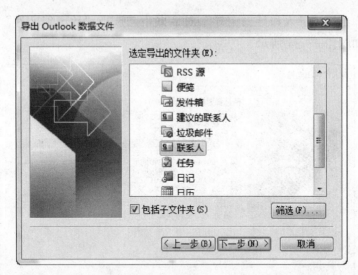

图 4—7—6 "导出 Outlook 数据文件"对话框的"选定导出的文件夹"界面

（7）在"导出 Outlook 数据文件"对话框的"将导出文件另存为"界面中，将文件保存到 D 盘根目录，文件名为"联系人.pst"，单击"完成"按钮，如图 4—7—7所示。

图 4—7—7 "导出 Outlook 数据文件"对话框的"将导出文件另存为"界面

（8）在"创建 Outlook 数据文件"对话框的"添加可选密码"界面中，在"密码"和"验证密码"框中输入自己的密码，单击"确定"按钮，如图 4—7—8所示。

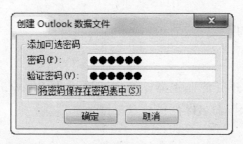

图 4—7—8 "创建 Outlook 数据文件"对话框的"添加可选密码"界面

（9）在"Outlook 数据文件密码"对话框中，在"密码"框中输入联系人的密码，单击"确定"按钮，完成联系人的备份，如图 4—7—9 所示。

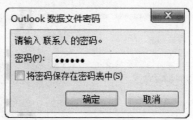

图 4—7—9 "Outlook 数据文件密码"对话框

（10）打开 D 盘，可以看到已经创建的联系人的备份，如图 4—7—10 所示。

图 4—7—10 备份完成后的文件

八、系统工具使用

1. 设计制作要求

运行 Word, 并打开资源监视器, 结束活动进程 Winword. exe, 并将其设置以"资源占用 . ResmonCfg"命名保存到 D 盘根目录。

2. 方法与步骤

(1) 运行 Word 程序。

(2) 单击"开始"→"所有程序"→"附件"→"系统工具"→"资源监视器", 如图 4—8—1 所示。

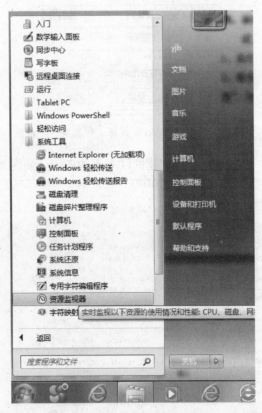

图 4—8—1　启动资源监视器

(3) 在"资源监视器"界面的"内存"选项卡中选择"WINWORD. EXE", 单击鼠标右键, 在快捷菜单中选择"结束进程 (E)"命令, 如图 4—8—2 所示。

(4) 在弹出的确认对话框中, 单击"结束进程"按钮, 如图 4—8—3 所示。

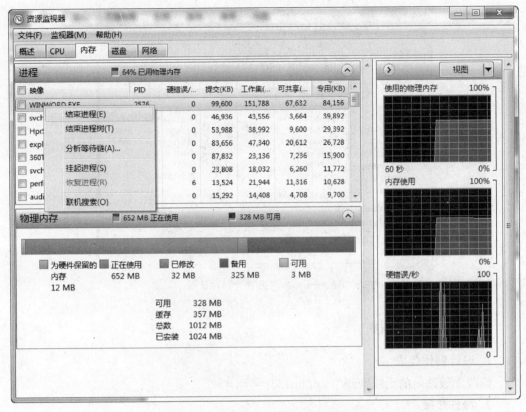

图 4—8—2　结束 WINWORD. EXE 进程

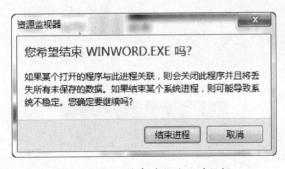

图 4—8—3　结束进程确认对话框

　　(5) 在"资源监视器"界面,单击"文件(F)"菜单,选择"将设置另存为(S)…"命令,在弹出的"另存为"对话框中,选择保存目标为 D 盘,文件名更改为"资源占用",单击"保存"按钮,如图 4—8—4 所示。

图 4—8—4 "另存为"对话框

九、网络设备连接

1. 设计制作要求

修改无线路由的无线密码为 admin1234@＃＃＊。

2. 操作步骤

（1）打开 IE 浏览器，在地址栏中输入路由器的配置地址"http：//192.168.1.1"，打开路由器登录界面，如图 4—9—1 所示。

图 4—9—1 登录路由器

（2）输入密码后，登录路由器，点击左侧工具栏中的"无线设置"→"无线安全设置"，如图4—9—2所示。

图4—9—2　无线安全设置

（3）在右侧的安全选项里选择"WPA-PSK/WPA2-PSK"，在PSK密码一栏中输入密码admin1234@＃＃＊，再点击"保存"按钮，保存即可，如图4—9—3所示。

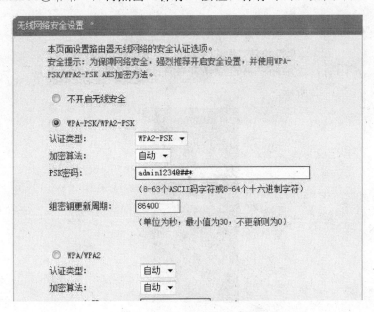

图4—9—3　修改无线密码

十、网络设备常用设置及应用

1. 设计制作要求

修改路由器的管理员登录口令为 admin163。

2. 操作步骤

（1）打开 IE 浏览器，在地址栏中输入路由器的配置地址"http：//192.168.1.1"，打开路由器登录界面，如图 4—10—1 所示。

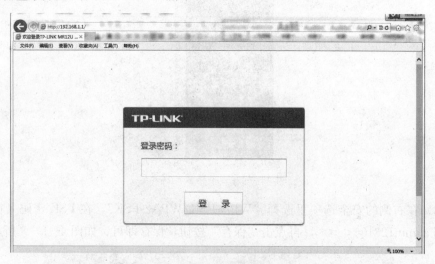

图 4—10—1　登录路由器

（2）输入密码后，登录路由器，点击左侧工具栏中的"系统工具"→"修改登录口令"，如图 4—10—2 所示。

图 4—10—2　修改登录口令

（3）在右侧的信息框内输入相应的信息：原用户名、原口令、新用户名、新口令、确认新口令，如图 4—10—3 所示。

修改登录口令

本页修改系统管理员的用户名及口令，用户名及口令长度不能超过14个字节。

原用户名：　admin

原口令：　　●●●●

新用户名：　admin

新口令：　　●●●●●●●

确认新口令：●●●●●●●

保存　清空

图 4—10—3　修改口令

十一、网络配置

1. 设计制作要求

为本机添加三个 DNS 服务器：202.96.209.5、202.96.209.133、192.168.60.251。

2. 操作步骤

（1）单击"开始"→"控制面板"，打开"控制面板"界面，找到"网络和共享中心"，如图 4—11—1 所示。

图 4—11—1　网络和共享中心

（2）打开"网络和共享中心"界面，在左侧的任务栏中找到"更改适配器设置"，如图4—11—2所示。

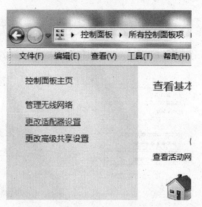

图4—11—2　更改适配器设置

（3）单击"更改适配器设置"，打开"网络连接"界面，选中"本地连接"，如图4—11—3所示。

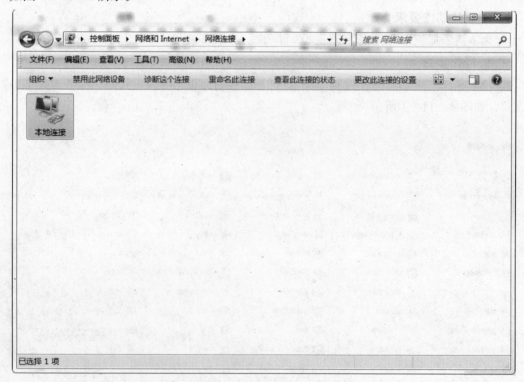

图4—11—3　网络连接

（4）单击工具栏上"更改此连接的设置"，会弹出"本地连接　属性"对话框，如图 4—11—4 所示。

图 4—11—4　"本地连接　属性"对话框

（5）选择"Internet 协议版本 4（TCP/IPv4）"，单击"属性"按钮，打开"Internet 协议版本 4（TCP/IPv4）属性"对话框，如图 4—11—5 所示。

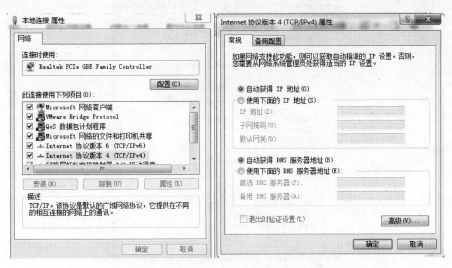

图 4—11—5　"Internet 协议版本 4（TCP/IPv4）属性"对话框

（6）在打开的"Internet协议版本4（TCP/IPv4）属性"对话框中，点击"高级"按钮，打开"高级TCP/IP设置"对话框，选中"DNS"选项卡，如图4—11—6所示。

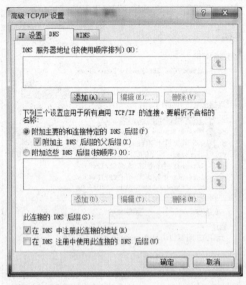

图4—11—6 "高级TCP/IP设置"对话框

（7）点击"添加（A）..."按钮，依次添加三个DNS服务器的IP地址：202.96.209.5、202.96.209.133、192.168.60.251，点击"确定"按钮保存，如图4—11—7所示。

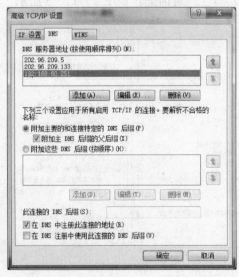

图4—11—7 添加DNS服务器地址

十二、网络设备共享设置

1. 设计制作要求

将同网段上的计算机连接到网络打印机，并打印测试页。

2. 操作步骤

对在同一网段中的某台计算机进行设置。

（1）打开"控制面板"，单击"设备和打印机"，如图4—12—1所示。

图4—12—1 "调整计算机的设置"界面

（2）单击"添加打印机"，选择"添加网络、无线或者Bluetooth打印机"，单击"下一步"，如图4—12—2所示。

图4—12—2 添加打印机

（3）选择"HP LaserJet 400"型号打印机（特别注意：网络地址是否为打印机网络地址），单击"下一步"，如图4—12—3所示。

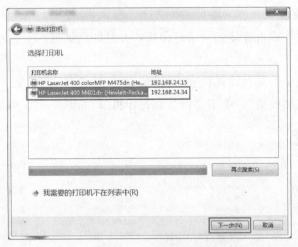

图4—12—3　选择网络打印机

这样，通过设置网络打印机添加完成，同一网段的其他计算机也可以同样设置。

（4）单击"开始"，选择"设备和打印机"，如图4—12—4所示。

图4—12—4　打开"设备和打印机"

（5）选择前面已设置好的打印机，单击鼠标右键，在弹出的快捷菜单中选择"打印机属性"，如图 4—12—5 所示。

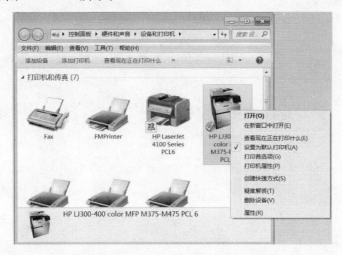

图 4—12—5　选择"打印机属性"命令

（6）在打开的打印机属性对话框右下方，单击"打印测试页"按钮，打印机就会打印出相应测试页的内容，如图 4—12—6 所示。

图 4—12—6　打印测试页

M

ONISHIJUAN

模拟试卷五

一、硬件维护

1. 设计制作要求

识别显示卡上的主要组件及组件的应用，如图 5—1—1 所示。

图 5—1—1　拆除风扇后的显示卡

（1）正确识别显示卡上的主要组件。

（2）了解显示卡上主要组件的应用。

2. 方法与步骤

（1）GPU（图形处理器）。GPU 是显示卡的心脏，决定了该显示卡的档次和大部分性能。在某些运算方面速度甚至超过 CPU。目前 GPU 的主要生产厂商有 Intel（集成显示卡）、NVidia（见图 5—1—2）、AMD（ATI）。

图 5—1—2　NVidia 芯片

（2）显示卡内存。显示卡内存颗粒一般封装在显示卡电路板上，不能扩充。其性能在一定程度上也影响显示卡的性能。显存参数有显存类型（如 GDDR5）、显存容量（如 2 GB）、显存位宽（如 128 位）、显存频率（如 5 000 MHz）等，如图 5—1—3 所示。

图 5—1—3　内存颗粒

（3）电源插座。通过主机电源提供的 4 针或 6 针电源接口连接，如图 5—1—4 所示。

图 5—1—4　6 针电源接口

（4）显示卡接口。显示卡接口一般分为 VGA、DVI、HDMI、DisplayPort 等类型，显示器必须有相应的接口才可以正常使用。如图 5—1—5 所示为 DVI 接口。

图 5—1—5　DVI 接口

二、操作系统安装

1. 设计制作要求

运用磁盘管理功能将系统可用空间指定为 F 盘。

2. 操作步骤

（1）右键单击桌面上的"计算机"，在弹出的快捷菜单中选择"管理"，如图 5—2—1 所示。

图 5—2—1　"计算机"快捷菜单

（2）在弹出的"计算机管理"界面中，点击"存储"→"磁盘管理"，系统会自动连接虚拟磁盘服务，加载磁盘配置信息，并会在右边的窗格中出现如图 5—2—2 所示的"磁盘管理"界面。

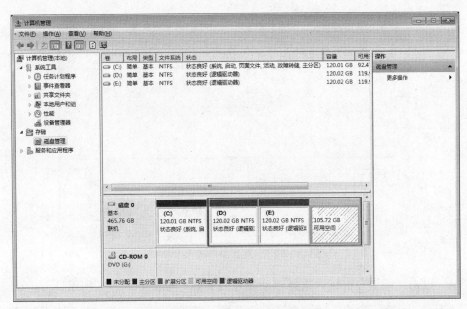

图 5—2—2 "计算机管理"界面

（3）右键单击可用空间，选择"更改驱动器号和路径"命令（见图 5—2—3），弹出相应的更改驱动器号和路径对话框，如图 5—2—4 所示。

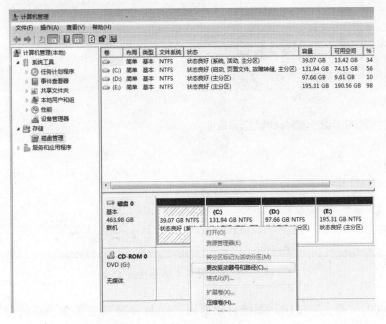

图 5—2—3 "磁盘管理"界面

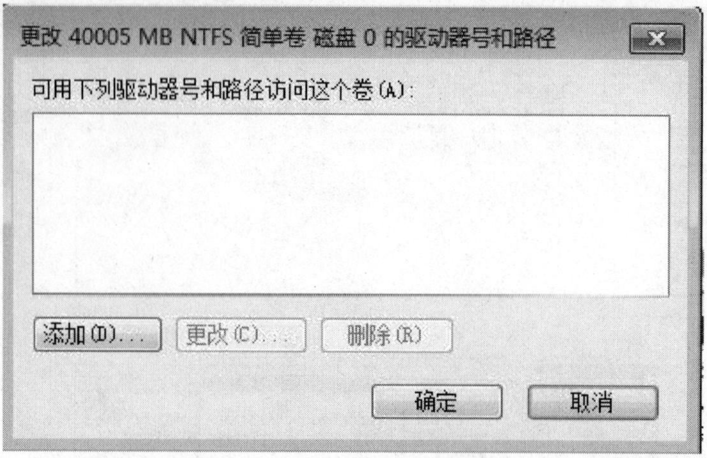

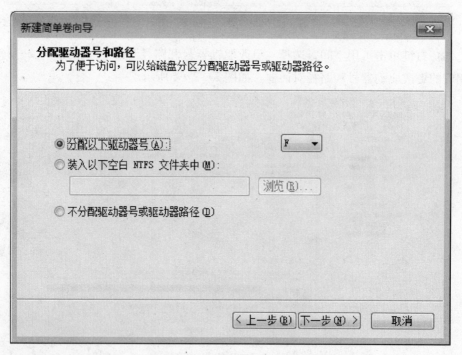

图 5—2—4　更改驱动器号和路径

（4）点击"添加"按钮，选择驱动器号为 F 盘，如图 5—2—5 所示。

图 5—2—5　设置系统分区为 F 盘

（5）点击"确定"按钮，系统自动返回"磁盘管理"主界面，系统分区被指定为 F 盘，如图 5—2—6 所示。

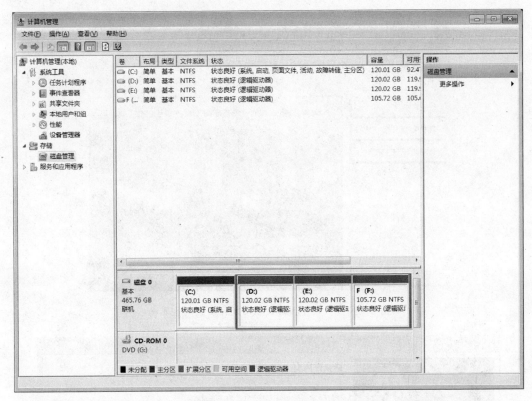

图 5—2—6 返回"磁盘管理"界面

（6）关闭"磁盘管理"界面。

三、系统板卡驱动安装

1. 设计制作要求

通过官方网站下载惠普（HP）ScanJet G4010 照片扫描仪驱动，并安装。

2. 操作步骤

（1）进入惠普官网，在线下载惠普（HP）ScanJet G4010 照片扫描仪驱动软件。

（2）运行下载的软件进行安装，进入惠普（HP）ScanJet G4010 照片扫描仪驱动软件安装的主界面，如图 5—3—1 所示。

（3）点击"安装软件"按钮，进入软件安装界面，如图 5—3—2 所示。

（4）点击"下一步"按钮，进入许可协议界面，勾选"我已检查并接受安装协议和设置（I）"，如图 5—3—3 所示。

（5）点击"下一步"按钮，进入"准备安装"界面，如图 5—3—4 所示。

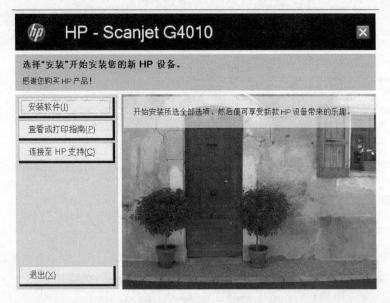

图 5—3—1 照片扫描仪驱动软件安装的主界面

图 5—3—2 软件安装界面

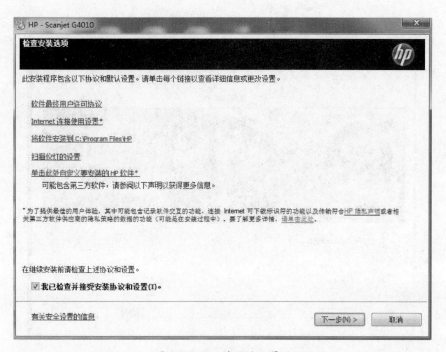

图 5—3—3　许可协议界面

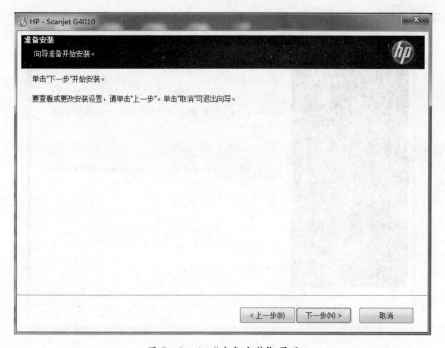

图 5—3—4　"准备安装"界面

（6）直接点击"下一步"按钮，进入"正在安装"界面，如图5—3—5所示。

图5—3—5　安装进程

（7）数分钟后，安装完成，弹出完成界面，如图5—3—6所示。

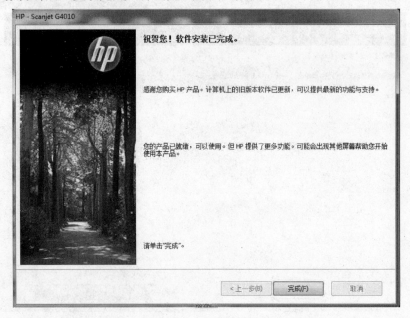

图5—3—6　安装完成

（8）点击"完成"按钮，完成驱动安装。

四、计算机病毒防治

1. 设计制作要求

使用 Win7 自带的 Windows Defender 反间谍软件，设置每周五晚上 8：00 扫描除 txt 外的所有文件，以及电子邮件。

2. 操作步骤

（1）打开"我的电脑"，找到位于"Program Files"下的"Windows Defender"文件夹，如图 5—4—1 所示。

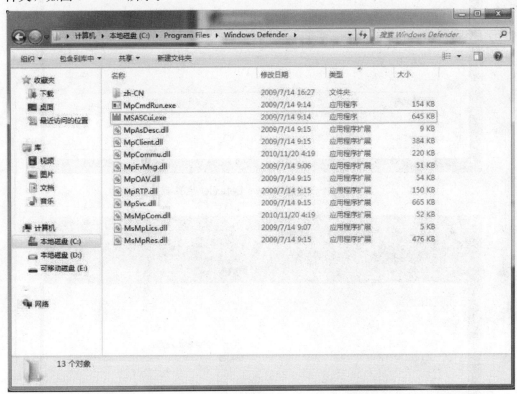

图 5—4—1 打开"Windows Defender"文件夹

（2）运行 MSASCui. exe 文件，进入 Windows Defender 主界面，如图 5—4—2 所示。

（3）点击主界面上方的"工具"按钮，进入"工具和设置"界面，如图 5—4—3 所示。

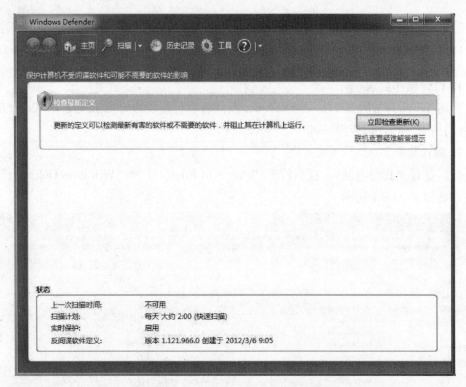

图 5—4—2　Windows Defender 主界面

图 5—4—3　"工具和设置"界面

（4）点击"选项"，进入"选项"设置界面，在"自动扫描"选项中勾选"自动扫描计算机"，"频率"选"星期五"，"大约时间"设为"20：00"。"类型"选"完全扫描"，点击"保存"按钮，如图5—4—4所示。

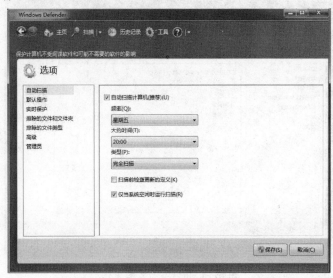

图5—4—4 "选项"设置

（5）点击"排除的文件类型"选项，在"不扫描这些文件扩展名"框中输入"*.TXT"，如图5—4—5所示。

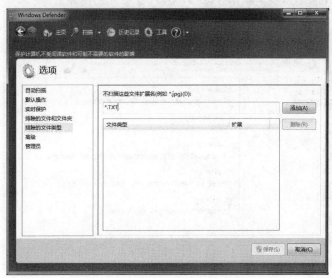

图5—4—5 "排除的文件类型"选项

（6）点击"添加"按钮，在"文件类型"列表中将文本文件加入其中，点击"保存"按钮，如图5—4—6所示。

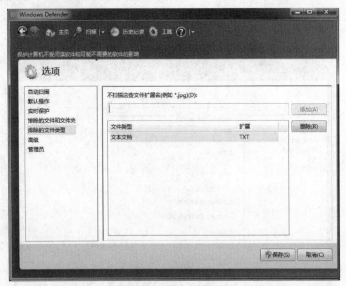

图5—4—6　添加文本文件

（7）点击"高级"选项，勾选"扫描电子邮件"，点击"保存"按钮，如图5—4—7所示。

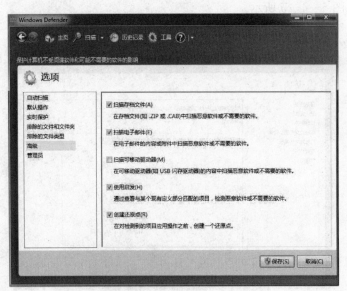

图5—4—7　启用扫描电子邮件

（8）所有设置完成，关闭 Windows Defender 界面。

五、硬件性能检测

1. 设计制作要求

检测 Windows 的版本信息。

2. 操作步骤

打开"控制面板"，点击"系统"，进入"系统"界面，在"Windows 版本"信息栏中即可查看当前计算机的 Windows 版本信息，如图 5—5—1 所示。

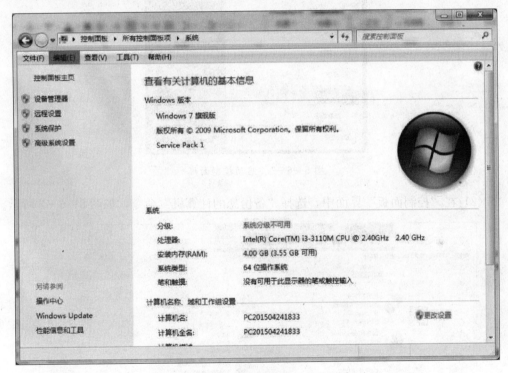

图 5—5—1　查看 Windows 版本信息

六、系统文件备份及还原

1. 设计制作要求

利用 Win7 工具，将 J 盘下的文件"设计资料"还原到 E 盘中。

2. 方法与步骤

（1）单击"开始"→"控制面板"，打开控制面板，如图 5—6—1 所示。

图 5—6—1　启动控制面板

（2）在"控制面板"界面中，选择"备份您的计算机"命令，如图 5—6—2 所示。

图 5—6—2　"控制面板"界面

（3）在"备份和还原"界面中，单击"还原我的文件"按钮，如图 5—6—3 所示。

图 5—6—3 "备份和还原"界面

（4）在"还原文件"对话框中，单击"浏览文件夹"按钮，如图 5—6—4 所示。

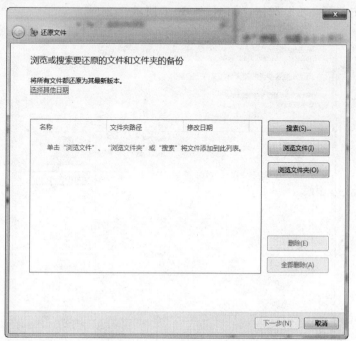

图 5—6—4 "还原文件"对话框

（5）在"浏览文件夹或驱动器的备份"对话框中，选择备份文件夹，单击"添加文件夹"按钮，如图5—6—5所示。

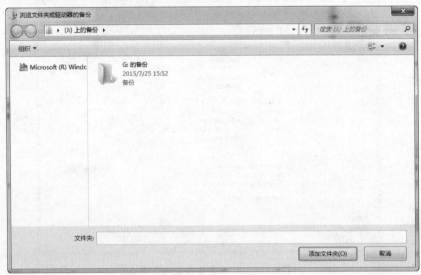

图5—6—5 "浏览文件夹或驱动器的备份"对话框

（6）单击"下一步"按钮，如图5—6—6所示。

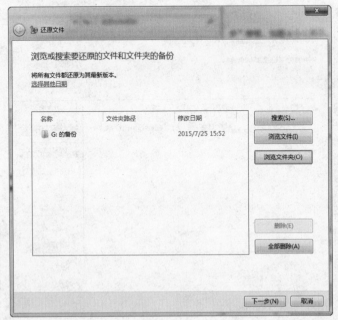

图5—6—6 选择所需还原的文件夹后的对话框

（7）还原位置选择"E：\"。确认还原信息后，单击"还原"按钮，如图 5—6—7 所示。

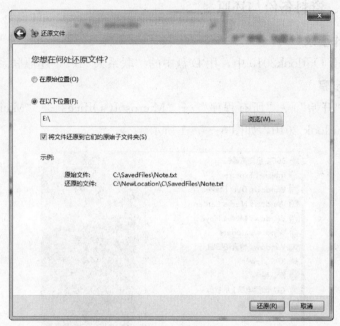

图 5—6—7　信息确认

（8）出现"已还原文件"界面，还原操作完成，如图 5—6—8 所示。

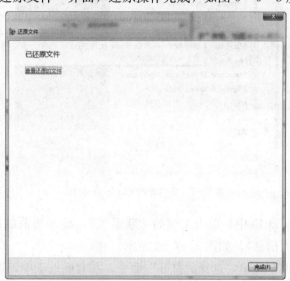

图 5—6—8　还原完成

（9）打开 E 盘，就能看到所还原的文件。

七、文件、资料备份与还原

1. 设计制作要求

在 Microsoft Outlook2010 中，用 D 盘中的"联系人 . pst"还原联系人信息。

2. 方法与步骤

（1）单击"开始"→"所有程序"→"Microsoft Office"→"Microsoft Outlook 2010"，打开 Outlook 2010，如图 5—7—1 所示。

图 5—7—1　运行 Outlook 2010

（2）在 Outlook 2010 中，单击左侧的"联系人"，显示当前的所有联系人（没有还原时，没有联系人信息），如图 5—7—2 所示。

（3）单击"文件"菜单，选择"打开"命令，在右侧选项中，选择"导入"命令，如图 5—7—3 所示。

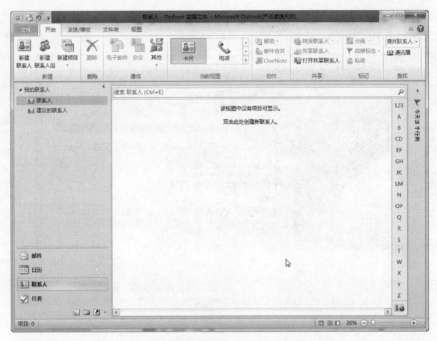

图 5—7—2　Outlook 2010 联系人界面

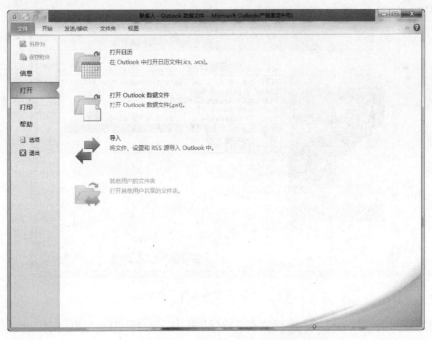

图 5—7—3　"导入"命令界面

（4）在弹出的"导入和导出向导"对话框中，选择"从另一程序或文件导入"，单击"下一步"按钮，如图 5—7—4 所示。

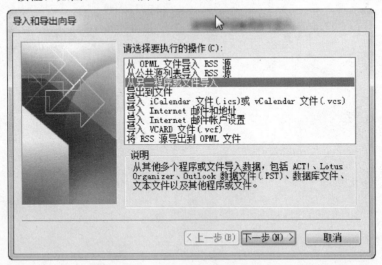

图 5—7—4 "导入和导出向导"对话框

（5）在"导入文件"对话框中，选择"Outlook 数据文件（.pst)"，单击"下一步"按钮，如图 5—7—5 所示。

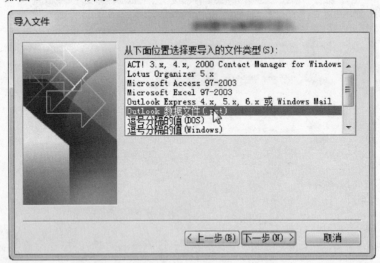

图 5—7—5 "导入文件"对话框

（6）在"导入 Outlook 数据文件"对话框中，选择"D:\联系人.pst"，单击"下一步"按钮，如图 5—7—6 所示。

图 5—7—6 "导入 Outlook 数据文件"对话框

（7）在"Outlook 数据文件密码"对话框中，输入在备份时所设置的密码，单击"确定"按钮，如图 5—7—7 所示。

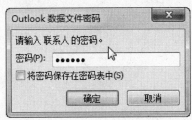

图 5—7—7 "Outlook 数据文件密码"对话框

（8）在"导入 Outlook 数据文件"对话框中，选择"联系人"，单击"完成"按钮，如图 5—7—8 所示。

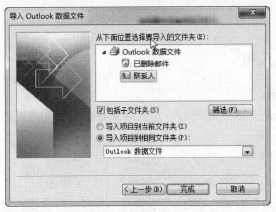

图 5—7—8 "导入 Outlook 数据文件"对话框

（9）在 Outlook 软件中，可以看到已经还原的联系人信息，如图 5—7—9 所示。

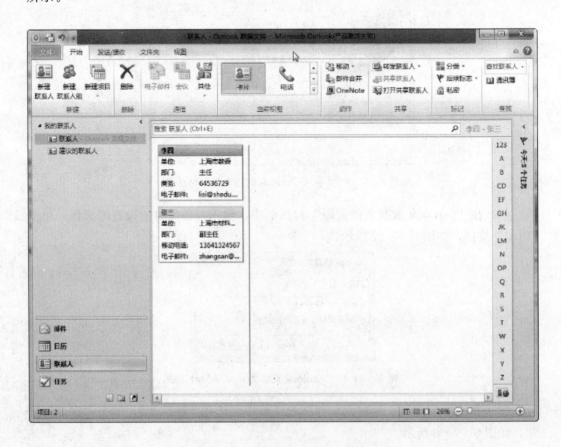

图 5—7—9　还原联系人后的 Outlook 界面

八、系统工具使用

1. 设计制作要求

查看 Win7 系统防火墙入站规则，并将结果导出为"入站规则.csv"，保存到 D 盘根目录下。

2. 方法与步骤

（1）单击"开始"→"控制面板"，如图 5—8—1 所示。

（2）在"控制面板"界面地址栏的下拉菜单中选择"所有控制面板项"，如图 5—8—2 所示。

图 5—8—1 启动控制面板

图 5—8—2 "控制面板"界面

（3）在"控制面板"界面中，单击"Windows 防火墙"，如图 5—8—3 所示。

图 5—8—3 选择"Windows 防火墙"

（4）在"Windows 防火墙"界面的左栏中，单击"高级设置"命令，如图 5—8—4 所示。

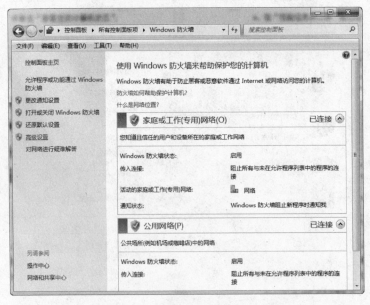

图 5—8—4 "Windows 防火墙"界面

（5）在"高级安全 Windows 防火墙"界面中，单击左栏中的"入站规则"，如图 5—8—5 所示。

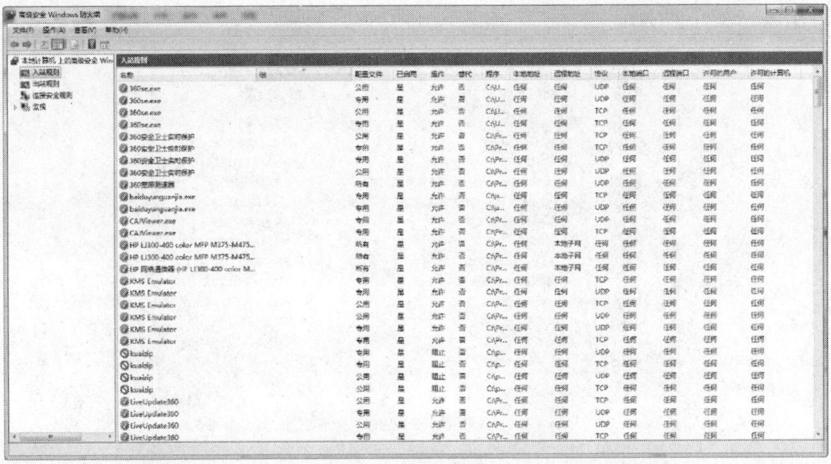

图 5—8—5　"高级安全 Windows 防火墙"界面

（6）单击"操作菜单"，选择"导出列表…"命令，如图 5—8—6 所示。

图 5—8—6　"操作"菜单

（7）在弹出的"导出列表"对话框中，选择导出目标盘为 D 盘，文件名为"入站规则"，并把"保存类型"更改为"文本文件（逗号分隔）（*.csv）"，单击"保存"按钮，如图 5—8—7 所示。

图 5—8—7 "导出列表"对话框

（8）导出成功后，打开"D：\入站规则.csv"，可以看到所导出的信息，如图 5—8—8 所示。

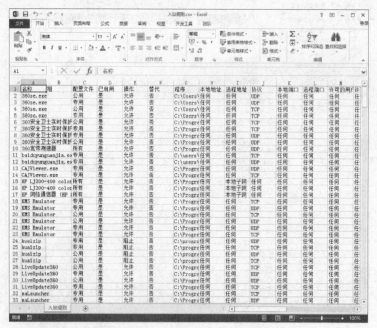

图 5—8—8 导出的入站规则列表

九、网络设备连接

1. 设计制作要求

利用 Windows7 的网络检测工具检测无线网络运行情况。

2. 操作步骤

（1）单击 Windows 任务栏中无线网络的图标▂▃▄，单击"打开网络和共享中心"，
如图 5—9—1 所示。

图 5—9—1　网络和共享中心

（2）在打开的"网络和共享中心"界面中，点击"无线网络连接"，查看无线网络
连接状态，如图 5—9—2 所示。

图 5—9—2　无线网络连接状态

十、网络设备常用设置及应用

1. 设计制作要求

修改路由器 DHCP 地址池的范围：192.168.100.10—192.168.100.30。

2. 操作步骤

（1）打开 IE 浏览器，在地址栏中输入路由器的配置地址"http：//192.168.100.1"，打开路由器登录界面，如图 5—10—1 所示。

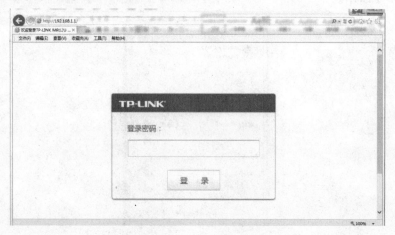

图 5—10—1　登录路由器

（2）输入密码后，登录路由器，点击左侧工具栏中的"DHCP 服务器"，如图 5—10—2 所示。

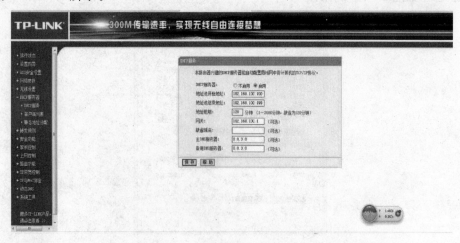

图 5—10—2　DHCP 服务器设置界面

（3）选择"启用"，并在地址池开始地址与地址池结束地址中填入自动分配的 IP 地址，如图 5—10—3 所示。

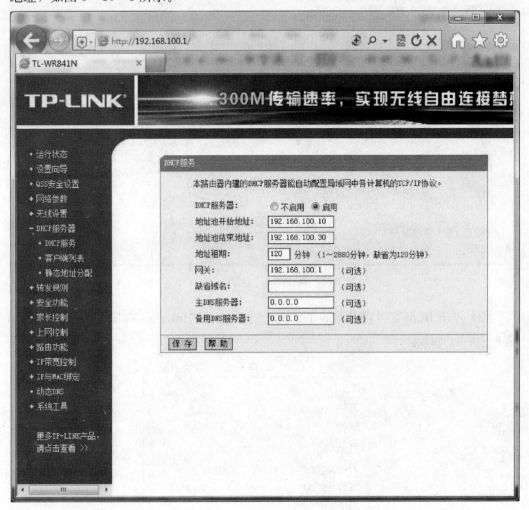

图 5—10—3　自动分配的 IP 地址

十一、网络配置

1. 设计制作要求

为本机上网的浏览器设置套接字代理：192.168.10.251，端口：1080。

2. 操作步骤

（1）单击"开始"菜单，打开 IE 浏览器，如图 5—11—1 所示。

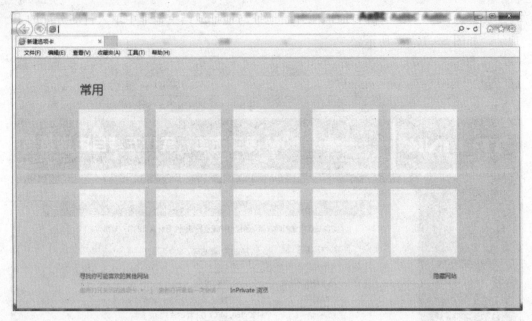

图 5—11—1　IE 浏览器

（2）点击 IE 浏览器右上方的工具按钮，选择"Internet 选项（O）"菜单，如图 5—11—2 所示。

图 5—11—2　Internet 选项

（3）打开"Internet 选项"对话框的"连接"选项卡，如图 5—11—3 所示。

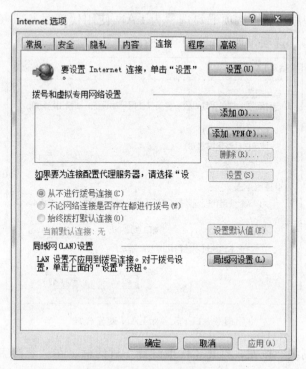

图 5—11—3 "连接"选项卡

（4）点击"局域网设置"按钮，打开"局域网（LAN）设置"对话框，如图 5—11—4 所示。

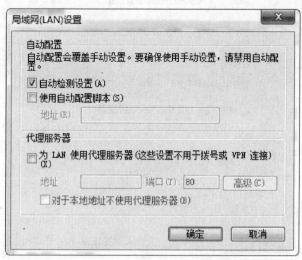

图 5—11—4 局域网（LAN）设置

（5）在"代理服务器"选项下勾选"为 LAN 使用代理服务器（这些设置不用于拨号或 VPN 连接）"选项，如图 5—11—5 所示。

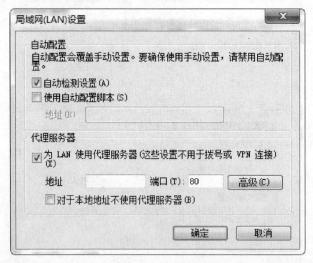

图 5—11—5　为 LAN 设置代理

（6）单击"高级"按钮，打开"代理设置"对话框，在"套接字（C）"栏中输入 192.168.10.251，"端口"栏输入 1080，如图 5—11—6 所示。

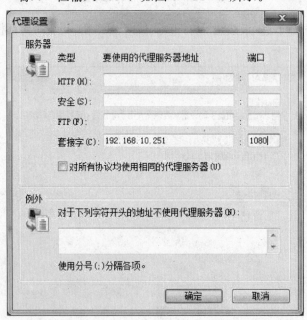

图 5—11—6　设置代理服务器

（7）单击"确定"，完成代理服务器的设置。

十二、网络设备共享设置

1. 设计制作要求

通过"网上邻居"连接网络打印机。

2. 操作步骤

（1）双击桌面上的"网络"图标，打开"网上邻居"界面，如图 5—12—1 所示。

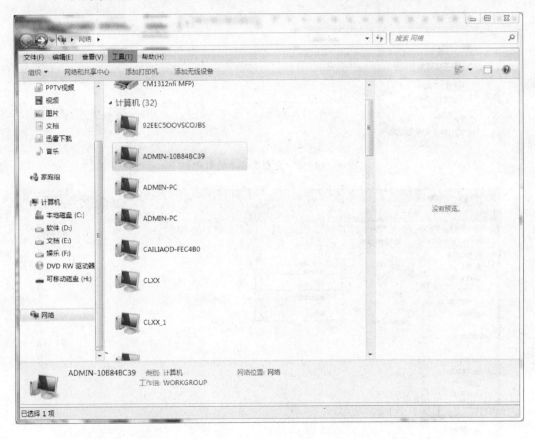

图 5—12—1 "网上邻居"界面

（2）在网上邻居的列表中，选中共享打印机的那台计算机，并双击连接它，查看它共享的打印机，如图 5—12—2 所示。

（3）选中要添加的打印机，用鼠标右键单击打印机图标，选择"连接…"，如图 5—12—3 所示。

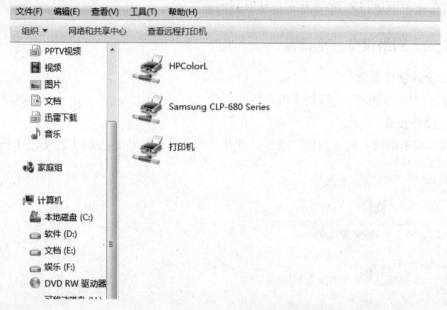

图 5—12—2　查看已共享的打印机

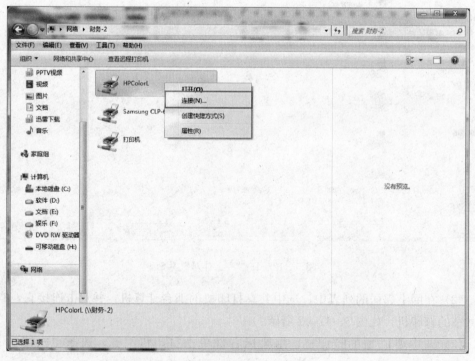

图 5—12—3　添加打印机

（4）出现"正在连接到×××上的 HPClorL"对话框，如图 5—12—4 所示，待对话框消失后，即添加成功。

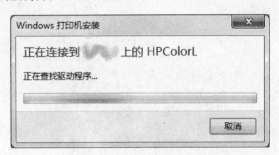

图 5—12—4　正在连接打印机